JN092612

無線従事者養成課程用
標　準　教　科　書

レーダー級海上特殊無線技士

無　線　工　学

一般財団法人　情報通信振興会　発　行

は じ め に

本書は、電波法第41条第２項の規定に基づく無線従事者規則第21条第１項第10号の規定により告示された無線従事者養成課程用の標準教科書です。

本書は、レーダー級海上特殊無線技士用「無線工学」の教科書であって、総務省が定める無線従事者養成課程の実施要領に基づく授業科目、授業内容及び授業の程度により編集したものです。（平成５年郵政省告示第553号、最終改正平成30年７月25日）

目 次

第１章　電波の性質

1.1　電波の発生

1.1.1　静電気

第1.1図のように、ガラス棒を絹布でこすると、ガラス棒が軽い小紙片、小木片などを吸い付ける。

これは摩擦によって、ガラス棒と絹布のそれぞれが電気を帯びたためである。このように物体が電気を帯びることを**帯電**といい、帯電した物体が持つ電気を**電荷**という。

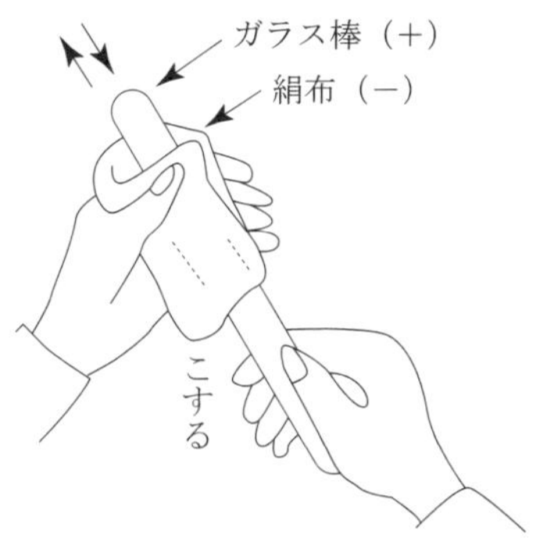

第1.1図　ガラス棒と絹布の摩擦電気

この場合、ガラス棒に帯電した電荷を正（プラス、「＋」）の電荷、絹布に帯電した電荷を負（マイナス、「－」）の電荷という。電荷には正・負の二種類があり、同種の電荷は反発し合い、異種の電荷は引き合うという性質がある。この電荷間の反発及び引き合う力を**静電気力**（又は**電気力**）という（第1.2図）。正の電荷の正体は、物質を構成する原子の原子核の中にある陽子であり、負の電荷の正体は、原子の中にあり原子核を取り巻くように存在する電子である（第1.3図）。すべての電気現象はこれら電荷の動きにより発生する。ところで、二種類の電荷のうち、陽子は原子の中心の原子核の中にあり、また、電子の約2,000倍の重さ（質量）があるため移動し難く、電荷の移動は、もっぱら電子の移動により発生することになる。このため、電子が減少した側を正、電子が増加した側を負として扱う。

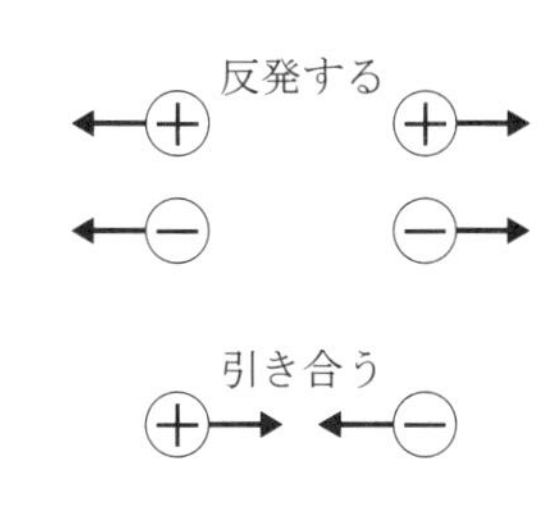

第1.2図　静電気力

メ モ

ただし、諸電気現象の説明の際には、正の電荷及び負の電荷がそれぞれ移動するという表現をする場合が多い。

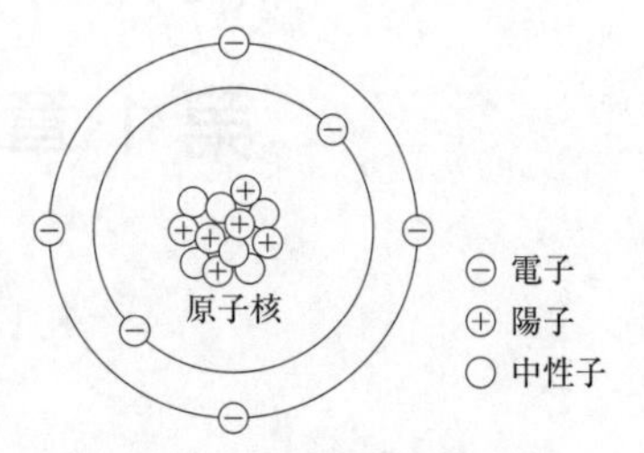

第1.3図　原子の構造（炭素の例）

ガラス棒と絹布の摩擦の例では、摩擦のエネルギーによりガラス棒の電子が絹布に移動する。これにより、ガラス棒では電子（負の電荷）が減少し、その結果として正の電荷が優位になり、また、絹布では電子（負の電荷）が増加して負の電荷が優位になり、それぞれ、正の電荷・負の電荷の帯電となって現れたものである。

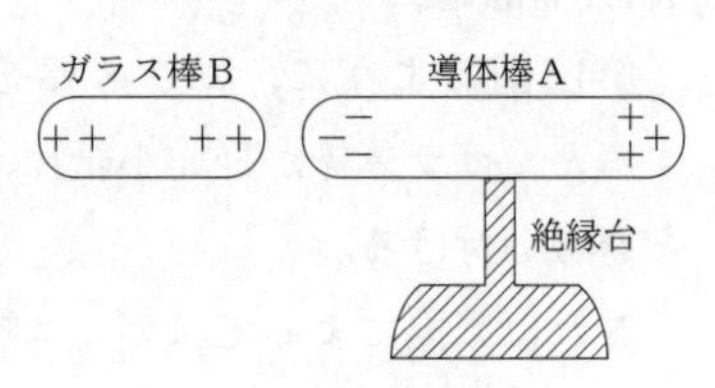

第1.4図　静電誘導

第1.4図のように、絶縁された電気的に中性の導体棒Aに正に帯電したガラス棒Bを近づけると、導体棒Aのガラス棒Bに近い方に負の電荷、遠い方に正の電荷が現れる。これを**静電誘導**といい、ガラス棒Bを遠ざければ、導体棒Aの両端に現れた正・負の電荷は、導体棒Aの中でお互いに引き合って中和する。このように物体にとどまって、他に移動しない電気を静電気という。

1.1.2　電気と磁気

第1.5図(a)のように、二枚の極板に直流電源を接続すると、正極に接続された極板には正の電荷、負極に接続された極板には負の電荷が現れる。

これは、電源から、電源の正極側の極板に正の電荷が、また、負極側の極板に負の電荷が移動したもので、この電荷の移動を電流という。電源からの電流によって極板に現れた正・負の電荷は静電気力によりお互いに引き合う。このような場

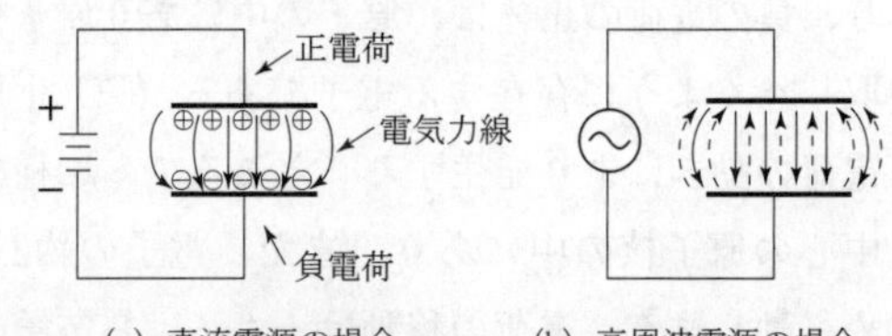

第1.5図　電気力線の発生

合に静電気力を可視的に表す仮想の線として電気力線が考えられており、静電気力や電荷が及ぼす電気的な影響を表すことができる。いま、第1.5図(b)のように二枚の極板に高周波電源（周波数の高い交流電源）を接続すると、それぞれの極板に現れる電荷は、高周波電源の周波数に対応して交互に変化する。この場合、電気力線も交互に向きを変えて表す。

第1.6図(a)のように、一本の直線導線に電流を流すと、その周囲に環状の磁界が生じる。同図(b)のように環状導線に電流を流すと、環状導線の面と垂直に磁界が生じる。この磁界の様子は、電流の向きや大きさによって異なる。

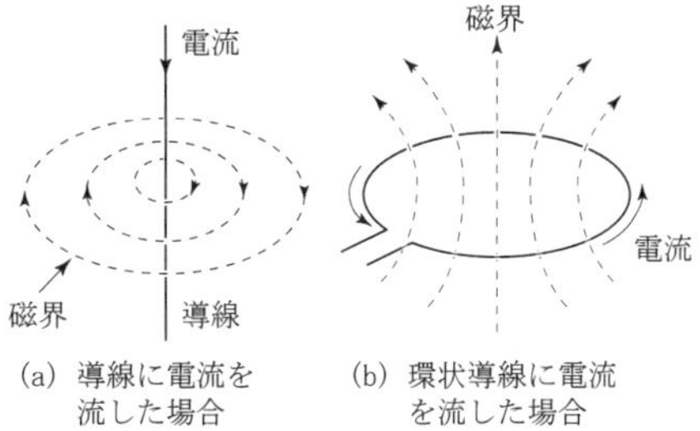

電流
磁界
導線
磁界
電流

(a) 導線に電流を流した場合　(b) 環状導線に電流を流した場合

第1.6図　導線に流れる電流による磁界

この磁界についても、その様子を可視的に表す仮想の線として磁力線が考えられている。

電流（電荷の移動）により静電気力の状態が変化しそれとともに磁界も変化するが、その様子は電気力線及び磁力線を使って推定することができる。

1.1.3　電波の放射

ここで、第1.5図(b)の二枚の極板を第1.7図(a)及び(b)のように広げていくと、電気力線は極板間から空間に広がるようになり、電源の極性が変わった時に、電源周波数の半サイクル分の電気力線が空間に押し出される（第1.8図）。交流電源によるこのような動作の連続により、二分の一サイクル毎に電気力線と磁力線のペアが次々と空間に押し出され、電波として空間を伝わっていくと考えられる。

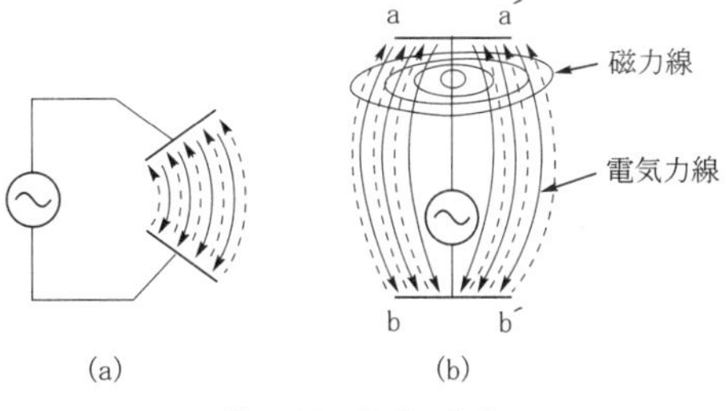

第1.7図　電波の発生

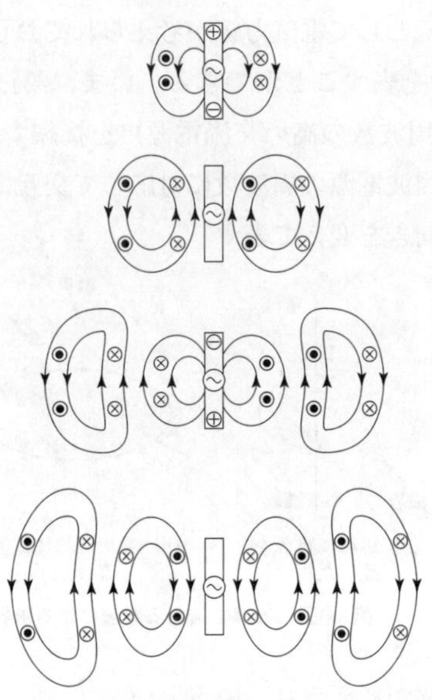

第1.8図　微小ダイポールアンテナからの電波放射のモデル

1.1.4　電波の性質

電波は、赤外線、可視光線、紫外線、X線などと同じ電磁波の一種である。電磁波のうち、周波数が300万メガヘルツ〔MHz〕以下のものを電波という。

電波には、次の性質がある。

① 電波は、一定速度cで大気中を伝わる。

$c = 2.997930 \times 10^8 \fallingdotseq 3 \times 10^8$〔m/s〕

② 電波は、光と同様に直進性を有する。この直進性は、電波の波長が短いほど顕著になる。

③ 電波は、光と同様に回折する。

④ 電波は、媒体に入射した場合、反射、屈折、吸収及び透過の現象を表す。完全導体に入射すると完全に反射する。また、不完全な導体に進入して減衰する。

⑤ 波長の短い電波ほど小さな物体でもよく反射する。

1.2　周波数と波長

(1)　周波数

電波は、第1.9図のように周期的に変化する。１秒間に繰り返すサイクル数を周波数という。周波数は、通常 f で表し、単位は、ヘルツ〔Hz〕を用いる。

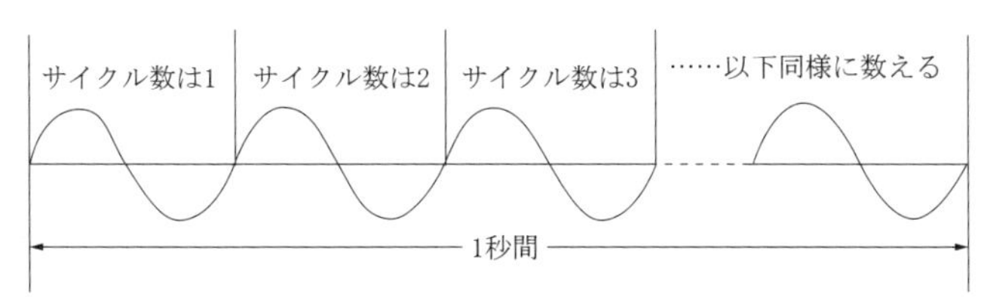

第1.9図　周波数

電波の周波数範囲は、第1.1表のように極めて広いので、次の補助単位を用いる。

1〔Hz〕×10³＝１〔kHz〕（キロヘルツ）
1〔kHz〕×10³＝１〔MHz〕（メガヘルツ）
1〔MHz〕×10³＝１〔GHz〕（ギガヘルツ）

(2)　波長

第1.10図のように、電波が１周期に進む距離を波長という。

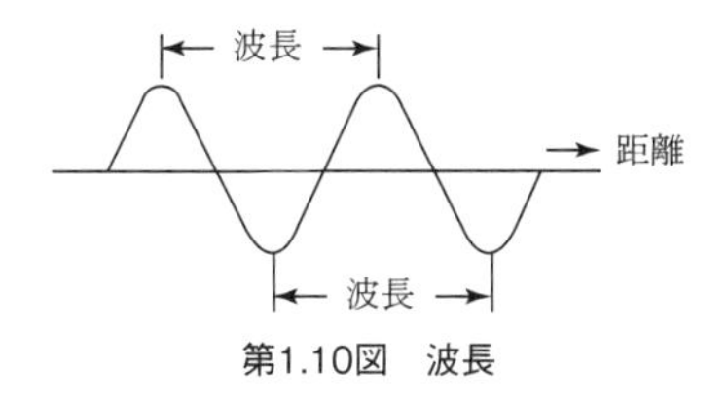

第1.10図　波長

波長は、通常 λ（ラムダと読む。）で表し、単位は〔m〕を用いる。

真空又は大気中を伝わる電波の速度 c は、光の速さと等しく、１秒間に３億〔m〕（3×10^8〔m/s〕）である。したがって、周波数が f〔Hz〕の電波の波長 λ は

$$\lambda = \frac{電波の速度}{周波数} = \frac{c}{f} \fallingdotseq \frac{3\times10^8}{f}\ 〔m〕$$

$$\therefore \quad f = \frac{c}{\lambda} \fallingdotseq \frac{3 \times 10^8}{\lambda} \text{〔Hz〕}$$

となる。

1.3　電波の分類

電波は、波長又は周波数によって第1.1表のように分類される。

第1.1表　電波の分類（周波数帯別の代表的な用途）

周　波　数	波　　長	名　　称	各周波数帯ごとの代表的な用途
3〔kHz〕	100〔km〕	V L F 超 長 波	
30〔kHz〕	10〔km〕		
		L　　F 長　　波	船舶・航空機用ビーコン 標準電波
300〔kHz〕	1〔km〕		
		M　　F 中　　波	中波放送 船舶・航空機の通信
3,000〔kHz〕 3〔MHz〕	100〔m〕		
		H　　F 短　　波	船舶・航空機の通信 短波放送
30〔MHz〕	10〔m〕		
		V H F 超 短 波	FM 放送 防災　消防　鉄道 船舶・航空管制通信 各種陸上移動通信
300〔MHz〕	1〔m〕		
		U H F 極超短波	テレビジョン放送 航空・気象用レーダー 携帯電話 各種陸上移動通信 MCA 陸上移動通信システム
3,000〔MHz〕 3〔GHz〕	10〔cm〕		
		S H F マイクロ波	電気通信事業用の通信 各種レーダー 衛星通信・衛星放送 各種業務用の通信
30〔GHz〕	1〔cm〕		
		E H F ミリメートル波 （ミ リ 波）	衛星通信 各種レーダー 各種業務用の通信 電波天文
300〔GHz〕	1〔mm〕		
		サブミリ波	
3,000〔GHz〕 3〔THz〕	0.1〔mm〕		

（注）・各分類の周波数の範囲は、上限を含み、下限を含まない。
・次の周波数帯の呼称について、統一された定義はないが、ここに示す周波数の範囲を指して用いられることが多い。
準マイクロ波：1〜3〔GHz〕　マイクロ波：3〜10〔GHz〕
準ミリ波：10〜30〔GHz〕　ミリ波：30〔GHz〕以上

第２章　電気回路

2.1　電圧、電流及び電力

2.1.1　電圧

水の水位と同様に、電気の場合には**電位**（正の電荷が多いほど電位は高く、負の電荷が多いほど電位は低い。）がある。水位の差が水流をつくるように、電位の差が電流を流す。この二点間の電位差を**電圧**という。また、回路や機器が必要とする電力を供給する装置を**電源**といい、これには第2.1図に示すような電池のほか**発電機**などが用いられる。

電圧は、E 又は V という記号で表し、その単位はボルト〔V〕である。

ボルトの1,000分の１をミリボルト〔mV〕、100万分の１をマイクロボルト〔μV〕、1,000倍をキロボルト〔kV〕といい、補助単位として用いる。

第2.1図　乾電池及び蓄電池

メ モ

電池、交流電源の記号は第2.2図のように表す。

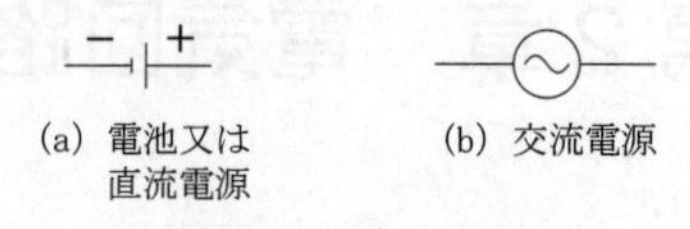

第2.2図　電源の図記号

2.1.2　電流

第2.3図に示すように、正に帯電している物体Aと負に帯電している物体Bとを導線Cで接続すると、両電荷間の引力により、Bの負電荷（自由電子）はAの正電荷に引かれて移動し、両者が結合して中和する。

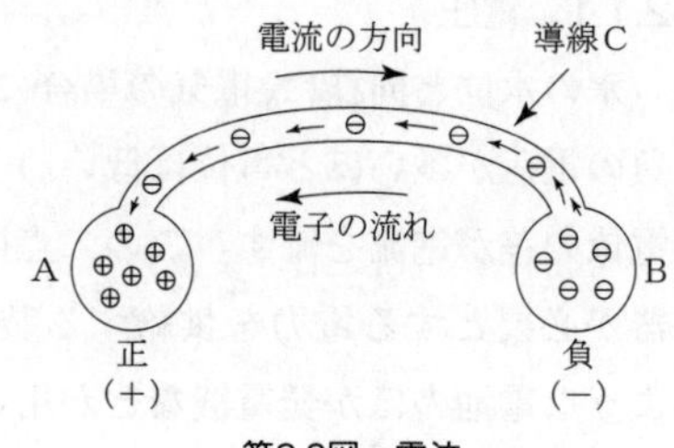

第2.3図　電流

すなわち、BからAの向きに電子の流れを生じる。この場合、導線にはAからBに電流が流れたといい、電子の流れと反対の方向に電流が流れるものと約束している。

電流はIという記号で表し、その単位はアンペア〔A〕である。

アンペアの1,000分の1をミリアンペア〔mA〕、100万分の1をマイクロアンペア〔μA〕といい、補助単位として用いる。

2.1.3　電力

高い所にある水を落下させて水車で発電機を回すと、電気を発生する仕事をする。したがって、高い所の水は仕事をする能力があると考えることができ、このような仕事をする能力は、高さ及び流量に比例する。

電気の場合も同様に、機器で1秒間に発生又は消費する電気エネルギーを電力といい、直流の場合、電圧と電流の積で表される。

電力は、Pという記号で表し、その単位は、ワット〔W〕である。ワットの1,000分の1をミリワット〔mW〕、1,000倍をキロワット〔kW〕といい、補助単位として用いる。

2.1.4　直流及び交流

(1)　直流

第2.4図のように、常に大きさが一定で方向が変わらない電流を直流といい、DCと略記する。例えば、電池から流れる電流は直流である。

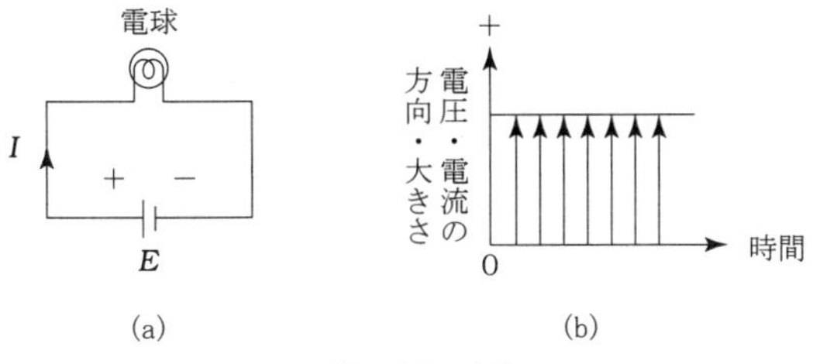

第2.4図　直流

(2)　交流

第2.5図のように、一定の周期をもって規則正しく大きさと方向が変わる電流を交流といい、AC と略記する。例えば、家庭で使用している電気は交流である。

交流において、その波形が完全に一つの変化をして元の状態に戻ることをサイクルという。

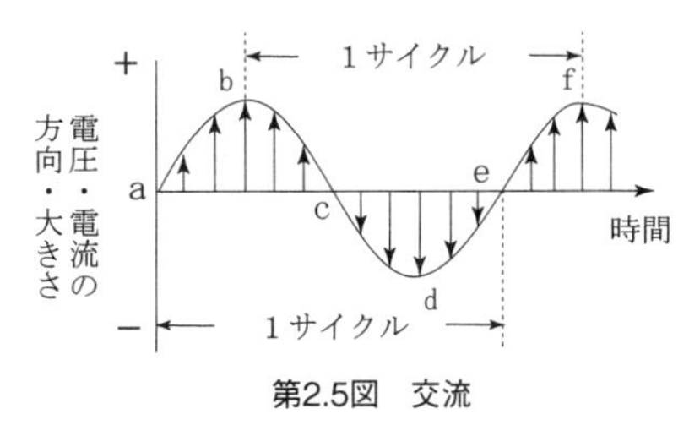

第2.5図　交流

第2.5図についていえば、a から e までの変化、又は b から f までの変化は１サイクルとなる。この１サイクルに要する時間〔秒〕を周期（記号 T）という。また、１秒間に繰り返されるサイクル数を周波数（記号 f）といい、

$$T = \frac{1}{f} \text{〔秒〕}$$

の関係がある。

周波数の単位は、ヘルツ〔Hz〕である。ヘルツの1,000倍をキロヘルツ〔kHz〕、100万倍をメガヘルツ〔MHz〕、メガヘルツの1,000倍をギガヘル

ツ〔GHz〕といい、補助単位として用いる。

2.2　回路素子

2.2.1　抵抗

管の中を水が流れる場合、管の形や管内の摩擦抵抗などにより、水の流れやすい管と流れにくい管とがあるように、導体にも電流の流れにくいものと流れやすいものがある。電流の流れにくさを表す量を**電気抵抗**又は単に**抵抗**という。

抵抗は、Rという記号で表し、その単位は、オーム〔Ω〕である。オームの1,000倍をキロオーム〔kΩ〕、100万倍をメガオーム〔MΩ〕といい、補助単位として用いる。

抵抗に電圧を加えたとき、流れる電流とその抵抗及び電圧の間には、次の関係がある。「抵抗に流れる電流は、電圧に比例し、抵抗に反比例する。」これを**オームの法則**といい、最も基本となる法則である。

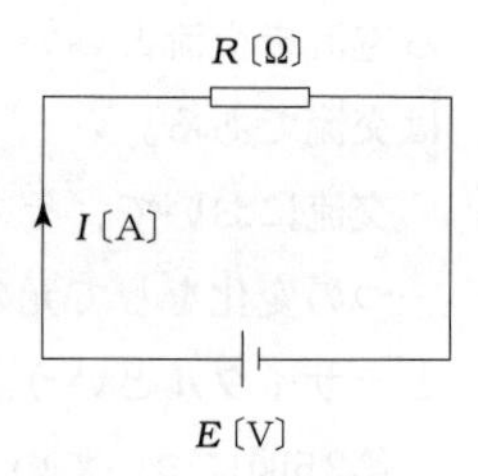

第2.6図　抵抗に電圧を加えた場合の電流

第2.6図のように電圧E〔V〕の電池にR〔Ω〕の抵抗を接続したとき、この回路に流れる電流をI〔A〕とすれば、次の関係式が成り立つ。

$$I=\frac{E}{R}\ 〔\mathrm{A}〕$$

(1)　抵抗器の種類

所定の抵抗をもつよう作られた素子（部品）を抵抗器という。

無線機器では、たくさんの抵抗器が使用されるが、一般によく使用されているものに炭素被膜抵抗器、金属被膜抵抗器、ソリッド抵抗器、巻線抵抗器などがある。また、抵抗器には抵抗値が一定の固定抵抗器と、任意に抵抗値を加減できる可変抵抗器とがある。第2.7図に抵抗器の外観例とその図記号を示す。

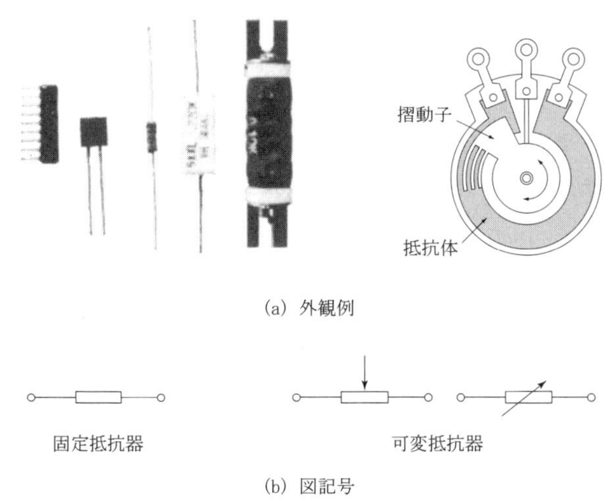

(a) 外観例

固定抵抗器　可変抵抗器

(b) 図記号

第2.7図　抵抗器の外観例と図記号

抵抗器には、電圧又は電力を取り出す負荷抵抗として、あるいは、分圧・分流用、放電用、減衰用など各種の用途がある。

(2) 抵抗器の接続

第2.8図(a)のように、抵抗 R_1〔Ω〕、R_2〔Ω〕を接続した場合を直列接続といい、図(b)のように接続した場合を並列接続という。

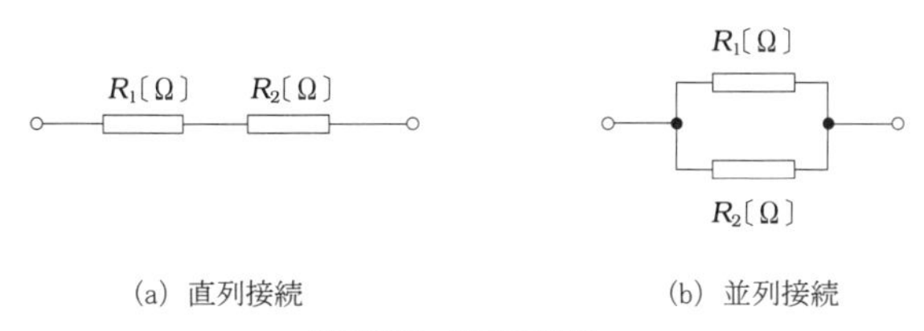

(a) 直列接続　(b) 並列接続

第2.8図　抵抗の接続

2.2.2　コンデンサ

２枚の金属板又は金属はくを絶縁体を挟んで狭い間隔で向かい合わせたものをコンデンサ（蓄電器）という。

(1)　コンデンサの種類

コンデンサには、使用する絶縁体の種類によって、紙コンデンサ、空気コンデンサ、磁器コンデンサ、マイカコンデンサ、電解コンデンサなどがある。

また、コンデンサには、容量が一定の**固定コンデンサ**と、任意に容量を変えることのできる**可変コンデンサ**（バリコン）がある。

コンデンサは、共振回路（同調回路）に用いられるほか、高周波回路の結合や接地、整流回路の平滑用などに使用される。

第2.9図にコンデンサの外観例とその図記号を示す。

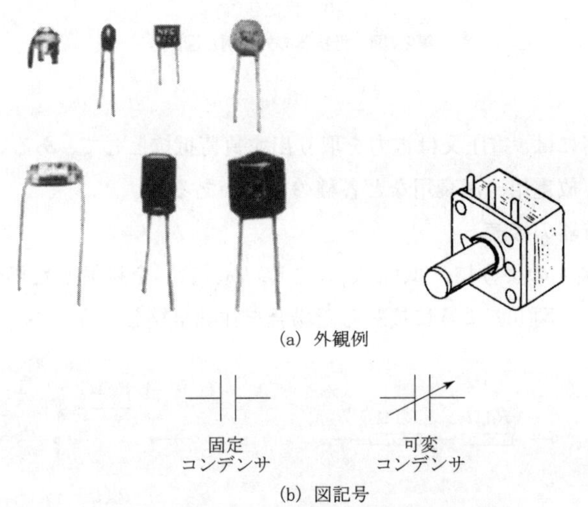

(a) 外観例

(b) 図記号

第2.9図　コンデンサの外観例と図記号

(2)　静電容量

第2.10図のように、コンデンサに電池 E〔V〕を接続すると、＋、－の電荷は互いに引き合うので、金属板には図のように電気が蓄えられ、電池を取り去ってもそのままの状態を保っている。

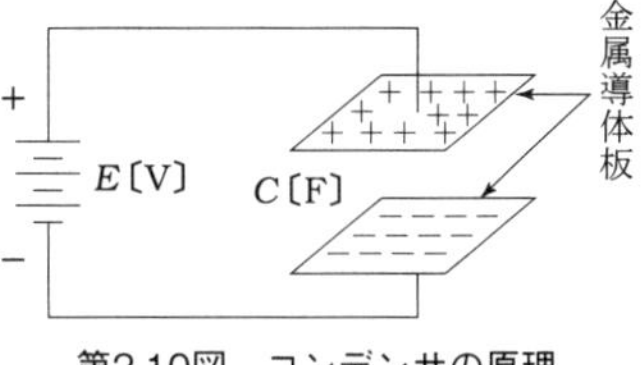

第2.10図　コンデンサの原理

この場合、コンデンサがどのくらい電気を蓄えられるか、その能力を示す定数を**静電容量**（単に容量ということもある。）あるいはキャパシタンスという。静電容量は、Cという記号で表し、その単位は、ファラド〔F〕である。

ファラドの100万分の１をマイクロファラド〔μF〕、１兆分の１をピコファラド〔pF〕又はマイクロマイクロファラド〔$\mu\mu$F〕といい、補助単位として用いる。

(3)　コンデンサの接続

第2.11図(a)のように、コンデンサ C_1〔F〕、C_2〔F〕を接続した場合を**直列接続**といい、図(b)のように接続した場合を**並列接続**という。

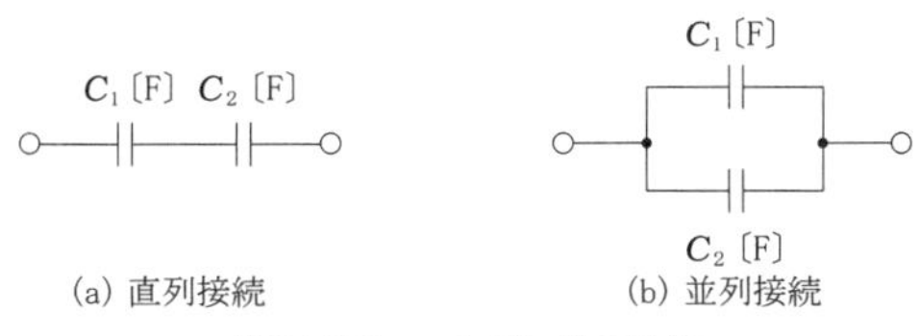

第2.11図　コンデンサの接続

2.2.3　コイル

無線機器で取り扱う周波数は広い範囲に及んでいるので、各回路に使用されるコイルにはいろいろな種類がある。低周波数では鉄心を使用しているもの（低周波チョークコイルなど）、高い周波数では空心のコイルのほか、同調コイル、発振コイル、高周波チョークコイルなどにフェライトやダストコア入りのものが用いられている。

また、電圧を必要な電圧に昇圧したり、降圧したり、あるいは回路を結合するのにコイルを組み合わせた変圧器（トランス）が用いられており、周波数によって、前記と同様に鉄心入りや、空心のものが使用されている。これには、同調コイル、低周波トランス、出力トランス、中間周波トランス、電源トランスなどがある。第2.12図にコイルの外観例と図記号を示す。

コイルに流れる電流が変化すると、電磁誘導によってコイルに起電力が生じる。

コイルに流れている電流が変化したため、そのコイル自身に起電力が生じる現象を自己誘導作用という。

コイルの働きの大小は、コイルの電流が変化したときに生じる起電力の大きさで決まる。このようなコイルの働きを表す目安を自己インダクタンス又は単にインダクタンスという。

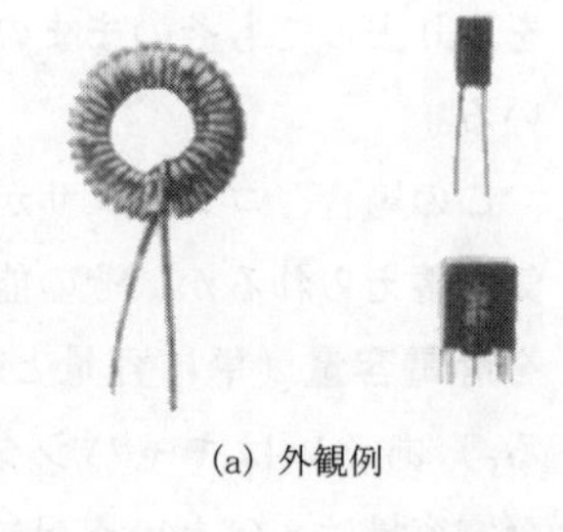

(a) 外観例

空心コイル　　鉄心入りコイル

(b) 図記号

第2.12図　コイルの外観例と図記号

インダクタンスは、L という記号で表し、その単位は、ヘンリー〔H〕である。ヘンリーの1,000分の1をミリヘンリー〔mH〕、100万分の1をマイクロヘンリー〔μH〕といい、補助単位として用いる。

2.2.4　導体、絶縁体及び半導体

物質には、電荷が移動しやすい導体（銅のように電気を伝えるもの）と呼ばれるものと、電荷の移動が困難な不導体又は絶縁体（ガラスのように電気を伝えないもの）と呼ばれるものとがある。

また、両者の中間の性質をもつものを半導体という。第2.13図にこれらの代表的な例を示す。

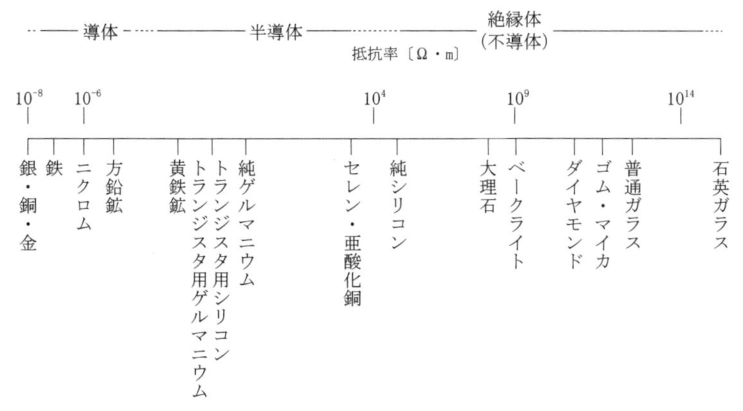

第2.13図　導体、絶縁体及び半導体

2.3　フィルタ

2.3.1　フィルタの構造及び電気的特性

無線通信装置には、用途により特定の周波数より低い範囲の信号を通す回路、逆に、高い周波数の信号のみを通過させる回路、特定の周波数範囲の信号のみを通過させる回路などが組み込まれていることが多い。これらの回路はフィルタと呼ばれ、次のようなものがある。

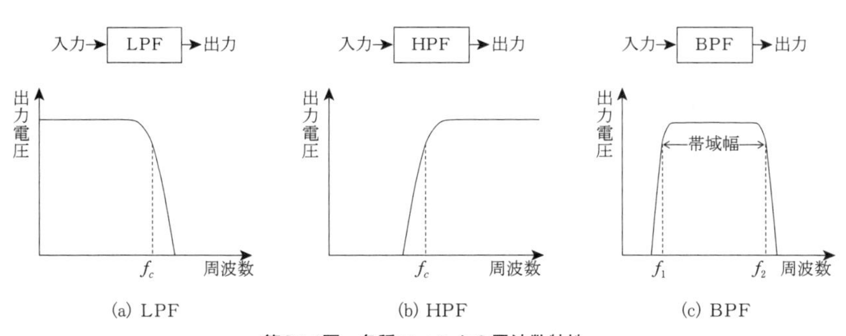

第2.14図　各種フィルタの周波数特性

⑴　低域通過フィルタ（LPF：Low Pass Filter）

LPF は第2.14図(a)に示すように、周波数 f_c より低い周波数の信号を通過させ、周波数 f_c より高い周波数の信号は通さないフィルタである。

⑵　高域通過フィルタ（HPF：High Pass Filter）

HPF は第2.14図(b)に示すように、周波数 f_c より高い周波数の信号を通過させ、周波数 f_c より低い周波数の信号は通さないフィルタである。

⑶　帯域通過フィルタ（BPF：Band Pass Filter）

BPF は第2.14図(c)に示すように、周波数 f_1 より高く、f_2 より低い周波数の信号を通過させ、その帯域外の周波数の信号は通さないフィルタである。

第３章　半導体及び電子管

3.1　半導体素子

純粋なシリコン、ゲルマニウム等に、ある種の物質を混入して結晶を作ると、特性の異なる半導体を作ることができ、その特性によってＮ形半導体とＰ形半導体に分類される。

⑴　Ｎ形半導体

純粋なシリコン（Si）の単結晶中に、ごく微量のひ素（As）を加えると、ひ素のもつ電子は周囲のシリコン原子と共有結合の状態となるが、その中の１個が余ってしまう。

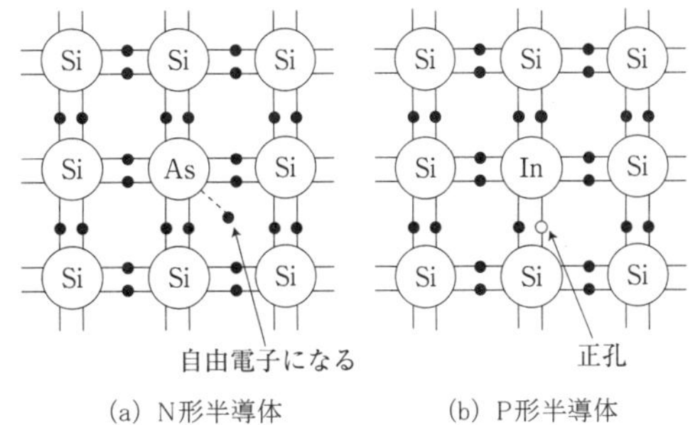

第3.1図

この余った電子は自由電子となり、このような電子過剰形の半導体をＮ形半導体という。

⑵　Ｐ形半導体

純粋なシリコン（Si）の単結晶中に、ごく微量のインジウム（In）を加えると、インジウムの電子は周囲のシリコン原子と共有結合の状態となるが、電子が１個不足する。

この電子の不足した部分は正の電荷をもつと考え、これを正孔（又は、ホール）といい、このような正孔過剰形の半導体をＰ形半導体という。

3.1.1　ダイオード

第3.2図のように、Ｎ形半導体とＰ形半導体とを接合したものを接合ダイオードという。

メ モ

ダイオードの性質として重要な点は、第3.3図に示すように、正（+）方向の電圧に対しては電流が流れ、負（−）方向の電圧に対してはほとんど流れない整流特性をもっていることである。

なお、ダイオードの図記号は、第3.4図のように表す。

ダイオードには、交流を整流するダイオードや、逆方向電圧を高くしていくとある電圧で電流が急激に流れて電圧を一定に保つ定電圧ダイオード、PN 接合に逆方向電圧を加えるとその値によって静電容量が変化する可変容量ダイオードなど、用途によって多くの種類がある。

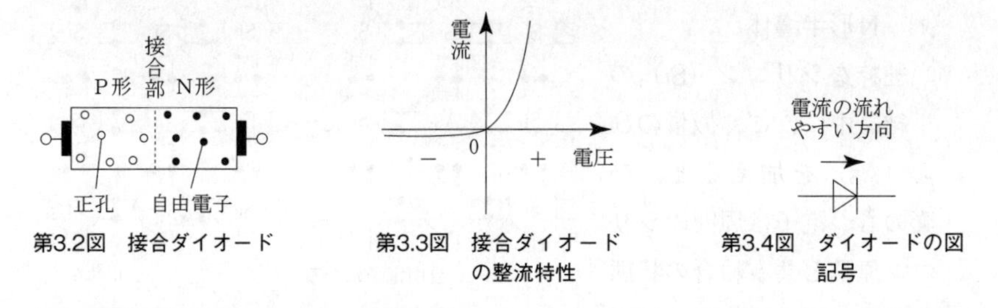

第3.2図　接合ダイオード

第3.3図　接合ダイオードの整流特性

第3.4図　ダイオードの図記号

3.1.2　トランジスタ

(1)　接合トランジスタ

第3.5図(a)及び(b)のように、接合トランジスタには、P形半導体の間に極めて薄いN形半導体を挟んだPNP 形と、N形半導体の間に極めて薄いP形半導体を挟んだ NPN 形とがある。

これらの接合トランジスタの両側に電極を付け、一方をエミッタ（E)、他方をコレクタ（C)、中央の薄い層にも電極を付けて、これをベース（B）という。

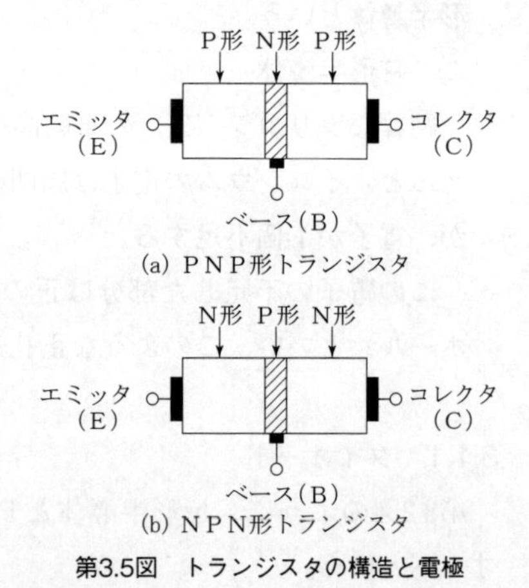

第3.5図　トランジスタの構造と電極

また、トランジスタの図記号は、第3.6図(a)及び(b)のように表す。

なお、この図中の矢印は、順方向電流（Ｐ形からＮ形に流れる電流）の方向を示している。

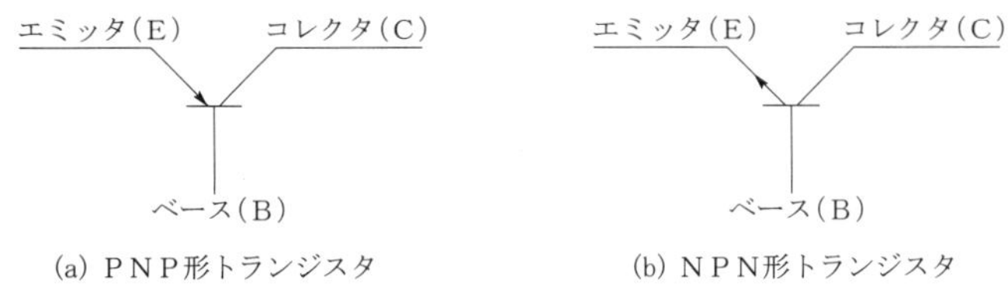

(a) ＰＮＰ形トランジスタ　(b) ＮＰＮ形トランジスタ

第3.6図　接合トランジスタの図記号

(2)　電界効果トランジスタ

接合トランジスタは、一般にベース電流によってコレクタ電流を制御するものであるが、一方、電圧によって電流を制御するトランジスタを電界効果トランジスタ、略して FET という。また、FET の図記号は、第3.7図(a)及び(b)のように表す。

FET は、ソース（S)、ドレイン(D)、ゲート（G）の三つの電極をもち、これらの働きは、それぞれ接合トランジスタのエミッタ（E)、コレクタ（C)、ベース（B）に類似する。

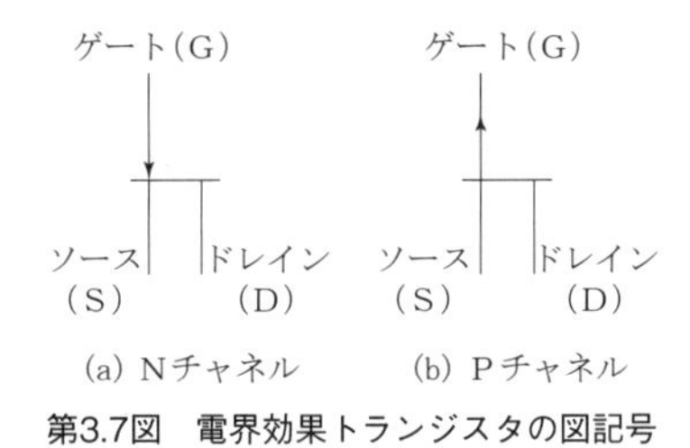

(a) Ｎチャネル　(b) Ｐチャネル

第3.7図　電界効果トランジスタの図記号

(3)　トランジスタの特徴

トランジスタには、次のような長所と短所がある。

長所

①　小型、軽量である。

②　電源投入後、直ちに動作する。

③　低電圧で動作し、消費電力が小さい。

④　機械的に丈夫で寿命が長い。

短所

① 熱に弱く、温度の変化により特性が変わりやすい。

② 大電力に適さない。

第3.8図に、ダイオード、トランジスタの外観例を示す。

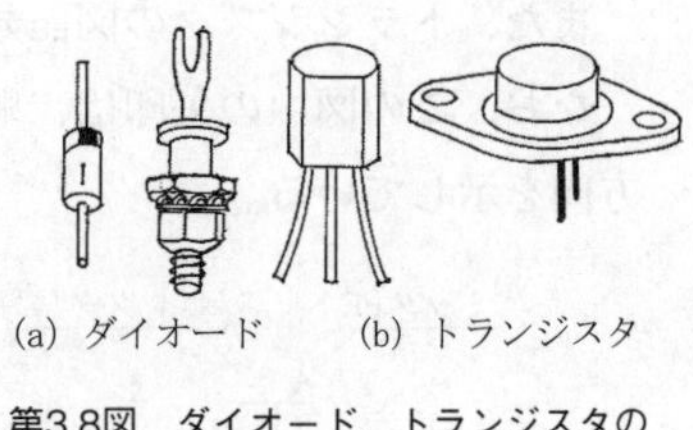

第3.8図 ダイオード、トランジスタの外観例

3.2 集積回路

3.2.1 集積回路

一つの基板に、トランジスタ、ダイオード、抵抗、コンデンサなどの部品から配線まで、一貫して製造されたものを**集積回路(IC)**という。IC には、シリコン基板を使う半導体 IC と、セラミック基板を使うハイブリッド IC がある。このような IC を用いると、送受信機を非常に小型で多機能にでき、回路の配線が簡単で信頼度も高くなるなどの利点があるため、送信機や受信機に多く使用されている。

IC の特徴は、

① 量産により価格が安い。

② 接続点の数が少ないため、信頼度が高い。

③ 超小型化できる。

④ 信号処理の高度化が可能である。

また、半導体 IC は、基板上に多数の素子が集積されているが、この IC を更に発展させたものに**大規模集積回路(LSI)**、**超 LSI(VLSI)**があり、無線機器、マイクロコンピュータなど身近なものにも使用されている。

3.2.2 マイクロ波帯用電力増幅半導体素子

(1) ガンダイオード

比較的純度の高いN形のひ化ガリウム(GaAs)や、りん化インジウム

(InP) などの化合物半導体に直流高電界を印加するとガン効果によりマイクロ波の発振を起こす。この現象を利用したダイオードをガンダイオードといい、低い電圧で動作し、比較的低雑音、小型・軽量で発振回路の構成が簡単などの特徴があり、マイクロ波帯からミリ波帯の発振素子として用いられる。

発振周波数は、主に GaAs 基板の厚さで決まり、数〔GHz〕のマイクロ波を数100〔mW〕の出力で発生させることができる。

(2) インパッドダイオード

PIN 接合ダイオードは逆バイアス電圧を大きくしていくと降伏現象が生じるが､インパットダイオード（アバランシェダイオードともいう）は、この降伏現象に交流電圧を重畳したキャリアの走行時間効果により、マイクロ波帯よりミリ波帯までの周波数において増幅・発振が可能で、動作機構上、雑音が多い欠点がある。数100〔mW〕～数〔W〕の大電力が得られる。

3.3　電子管

無線機器をはじめ通信機器、電子機器の主要電子デバイスとして電子管が使用されている。電子管には、ブラウン管、マグネトロン、クライストロン、進行波管などがある。一般的にはマグネトロンが使われてきたが、半導体技術やデジタル信号技術などの進歩により固体化装置に置き換えられている。

3.3.1　ブラウン管

電子が蛍光面に当たると蛍光体が発光する性質を表示に利用するものをブラウン管（CRT）という。

ブラウン管は、管内に封入された陰極から放出される電子を集束の上、加速して電子のビーム（電子の細い流れ）を作り、磁界（レーダー用のブラウン管はこれによる。）又は電界の作用によってその方向を制御し、電子流を蛍光面に当てて蛍光体を発光させ、電気信号を図形として表示するものである。

第3.9図は、レーダーに用いられている電磁偏向形ブラウン管である。陰極は電子を放出するものであり、第一格子（制御格子）は、電子を制御する働きをし、その電圧を変えて電子ビームの強さを加減し、蛍光面の発光の明るさを調整する（これを輝度調整という。）。

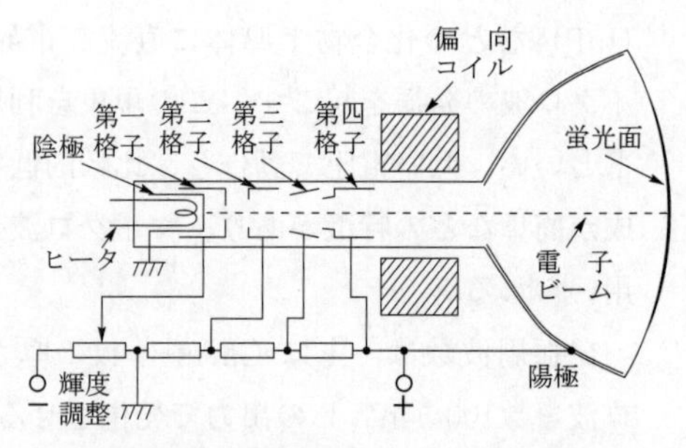

第3.9図　電磁偏向形ブラウン管の構造

陰極から放出された電子は、第二格子・第三格子及び第三格子・第四格子の電位差による静電レンズによって集束され、細いビームになる。

電子ビームはブラウン管の蛍光面に当たるが、外部から磁界を加えることにより、電子ビームは所定の向きに曲げられる。これを**偏向**といい、この場合は偏向コイルに電流を流し、その電流による磁界の強弱によって電子ビームを偏向させるので、**電磁偏向**という。

レーダー用のブラウン管は、ある程度長い時間、目標を表示しなければならないので蛍光面に残光時間の長い燐光体を使用している。

なお、モノクロ方式のテレビジョンの受像管は、レーダー用の受像管とほぼ同一の構造と理解してよいが、カラー方式の場合は、赤、緑、青の三原色を混合することによって、あらゆる色を作り出すため電子ビームは３本必要になり、色選別機能の働きにより蛍光面に規則正しく配置されている赤、緑、青の蛍光体に当てて発光させ、その電子ビームの強さを各色の信号により変化させれば各色の発光体が非常に小さいので、人間の目には混合して見えるカラー画像として再現されることとなる。

3.3.2　マグネトロン

マグネトロンは、電子流の制御に磁界を利用した一種の二極電子管で、その構造を第3.10図に示す。小型円筒形の陰極の周囲を作用空間を隔てて空洞共振器を有する陽極ブロックが取り囲み、外部から陰極の軸と平行に永久磁石などによる磁界を加える構造になっている。この磁界によって陰極から陽極へ流れる電子流を制御し、陽極に達するまでの間に集群作用を与え、空洞共振器を強く励振し、マイクロ波の発振が持続するものである。その特徴には次のものが挙げられ、レーダーの送信管などに用いられている。

① マイクロ波を高能率で発生することが可能である。

② パルス波の発振に適し、かつ、動作も安定である。

③ 大電力のマイクロ波が発生でき、小型・堅牢で、かつ、取扱いが簡単である。

④ 発振周波数は空洞共振器の共振周波数で定まり、大幅に変えることができない。

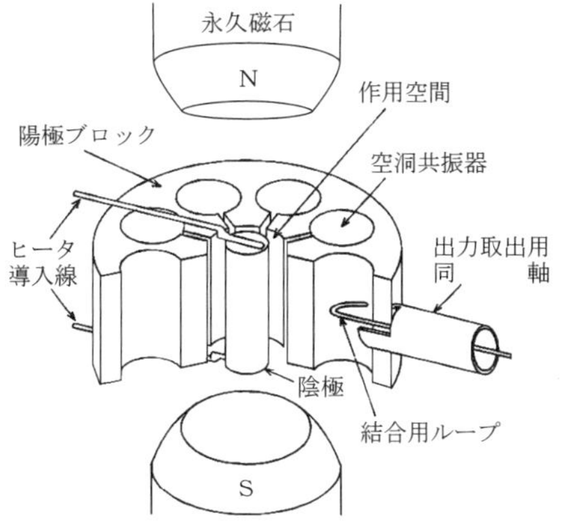

第3.10図　マグネトロンの構造

近年、固体素子（半導体）で構成された送信回路を使ったレーダーの開発が進んでおり、従来のレーダーと比較して、長寿命、周波数の安定、不要発射の低減および予熱時間の不要など、信頼性の向上が利点として挙げられる。

第４章　電子回路

4.1　増幅及び発振回路

4.1.1　増幅回路

⑴　増幅作用

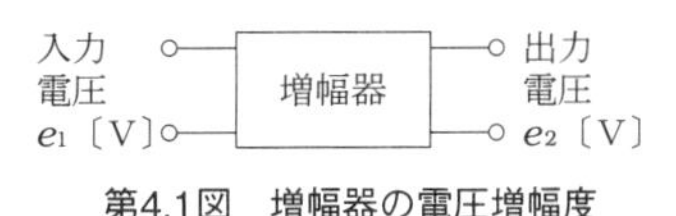

第4.1図　増幅器の電圧増幅度

入力された信号をより大きな振幅の信号にすることを増幅といい、この目的のための装置を増幅器という。電圧を増幅するためのものを電圧増幅器、大きな電力を取り出すことを目的としたものを電力増幅器という。第4.1図のように入力電圧 e_1 とこれを大きくした出力電圧 e_2 との比、すなわち、$\dfrac{e_2}{e_1}$ をこの増幅器の電圧増幅度、又は電圧利得という。

⑵　A級、B級及びC級増幅

増幅回路は、トランジスタにバイアス電圧を与えて用いるが、この電圧の大きさによって次のように異なった動作をする。

A級増幅

入力の波形がほぼ忠実に出力に現れるので、出力波形にひずみの少ないことを要求される低周波増幅器などに用いられるが、効率は良くない。

B級増幅

出力波形にはひずみがあるが、A級増幅より大きな出力が得られ効率も良い。このため低周波にはプッシュプル増幅器として用いられる。

C級増幅

効率が最も良く大きな出力を得ることができるが、ひずみも一番多く高調波を多く含んでいる。このため低周波増幅には不適当であるが、高周波などではコレクタ回路に同調回路を用いれば希望の周波数を取り出すことができるので、送信機の周波数逓倍器や電力増幅器などに用いられる。

メ モ ――――――――――――――――――――

4.1.2 発振回路

一定振幅、一定周波数の電気振動が継続することを発振という。送信機では、この発振現象を利用して、信号の運び手となる電波（搬送波）を発生させる。一定振幅、一定周波数の電気振動を継続して発生させる電子回路を発振回路という。

(1) 電気振動

第4.2図(a)の回路において、スイッチSを①側に閉じるとコンデンサ C が充電される。次にSを②側に閉じると C に充電された電荷はコイル L のインダクタンスを通して放電される。この電流によって L に磁束が発生するが、C の電荷がなくなるにつれ L の磁束は減少する。この磁束の変化によって L の両端に電圧が発生し、この電圧が C を充電する。これ以後、前と同様に C は放電を行い、充放電を繰り返すこととなる。このような動作を電気振動といい、ちょうど図(b)の振り子の振動と似たものである。この電気振動は、L の抵抗により時間とともに減衰するので図(c)のような波形となる。

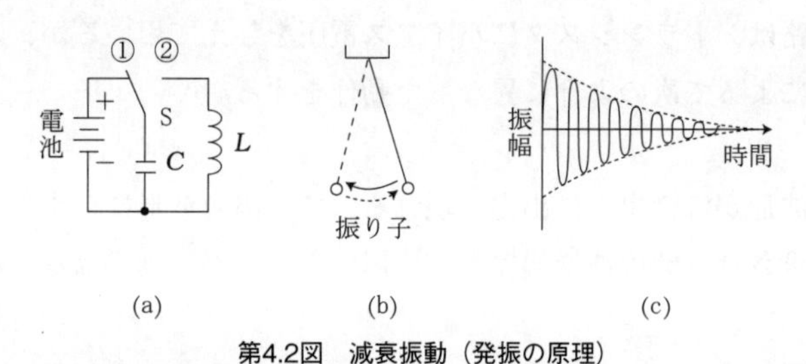

第4.2図　減衰振動（発振の原理）

(2) PLL 発振回路（Phase Locked Loop）

一例として、第4.3図に 25〔kHz〕ステップで 150～170〔MHz〕の安定した周波数を生成する周波数シンセサイザの構成概念図を示す。

基準発振周波数の 3.2〔MHz〕を128分周して得られた非常に正確で安定した 25〔kHz〕は、位相比較器の一つの入力に加えられる。一方、バリキャップ（可変容量ダイオード）を用いた電圧制御発振器（VCO：Voltage Con-

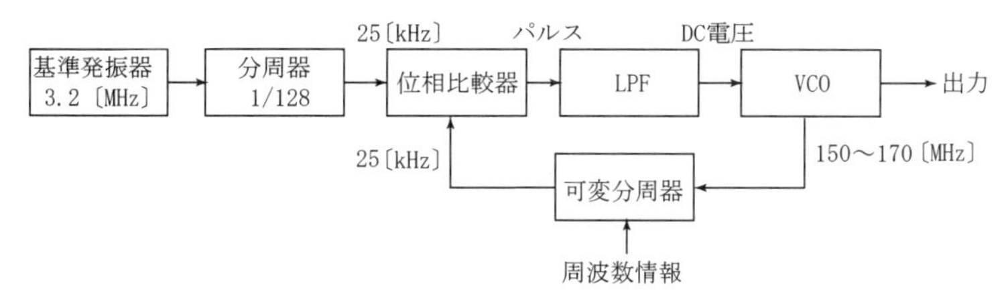

第4.3図　周波数シンセサイザの構成概念図

trolled Oscillator）の出力は、運用する周波数に応じた数で分周され、位相比較器のもう一つの入力に加えられる。位相比較器は、加えられた両者の周波数と位相を比較し、周波数差と位相差に応じたパルスを出力する。この出力されたパルスは、シンセサイザの応答特性を決める LPF によって直流電圧に変換され VCO のバリキャップに印加される。この結果、VCO の周波数が変化して周波数及び位相が基準発振器からの 25〔kHz〕と一致したときにループが安定し、基準発振器で制御された安定で正確な信号が得られる。

例えば、150〔MHz〕が必要な場合には可変分周器で6000分周、170〔MHz〕では6800分周することで 25〔kHz〕ステップの周波数を生成している。

(3)　自励発振回路

共振回路が L 及び C からなっている発振回路を LC 発振回路という。

代表的なコレクタ同調形の基本形を第4.4図に示す。

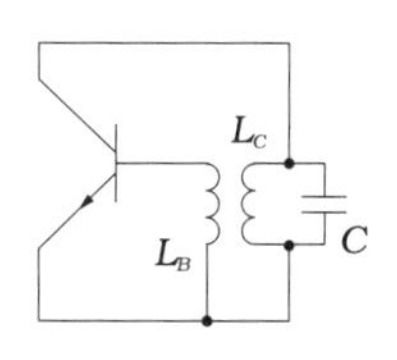

コレクタ同調形

第4.4図　LC 発振回路

コレクタにある同調回路（共振回路）で振動を生じる。この振動が L_B、L_C 間の相互インダクタンスによってコレクタからベースへ帰還され、ベース電流を流す。ベース電流は、トランジスタによって増幅されコレクタに振動電流を流す。この変化が再びベースに帰還されて発振を持続するようになる。

発振周波数 f は、L_C と C の同調回路より

$$f=\frac{1}{2\pi\sqrt{L_c C}}\ 〔\mathrm{Hz}〕$$

となる。

(4)　水晶発振回路

水晶に機械的圧力を加えると表面に電荷を生じる。これを圧電効果という。また、水晶に電圧をかけると結晶が変形する逆圧電効果が表れる。電気振動を取り出す目的で水晶の原石から特定の角度で板状に切り出した水晶片を金属の極板で挟んだ電子部品を水晶振動子といい、水晶振動子に交流電流を加えると水晶振動子は一定の周波数で振動し、この振動を電気振動として取り出すことができる。この電気振動の周波数は加える交流の周波数にはよらず、水晶の形状や大きさで決まり、ほぼ一定である。

自励発振回路と比べると水晶発振回路の発振周波数は極めて正確で、安定しているため多くの用途に用いられる。第4.5図に、水晶発振回路の一例を示す。

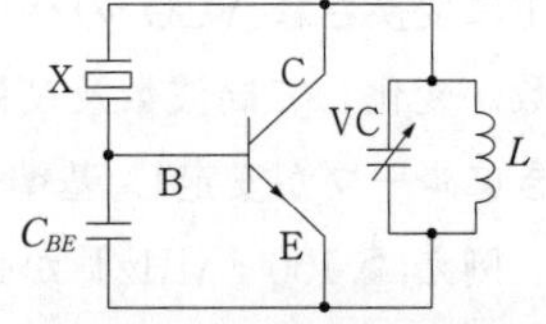

第4.5図　水晶発振回路の例

第５章　レーダー

5.1　レーダーの概念

5.1.1　レーダーとは

レーダーは、1941年にアメリカの海軍が Radio Detection And Ranging（「電波による探知及び測距」の意味）の頭文字をとって Radar と命名したものである。

電波法施行規則の第２条第32号では、レーダーとは、「決定しようとする位置から反射され、又は再発射される無線信号と基準信号との比較を基礎とする無線測位の設備をいう。」と定義している。

すなわち、レーダーは、電波を用いて目標（物標、目標物、ターゲット）を検出し、その距離と方位の測定を行う装置である。レーダーは、鋭い指向性をもつアンテナから電波（一般的にはパルス電波）を放射し、目標物からの反射波（エコー）を受信することによって電波の往復時間から距離を、また、アンテナの指向方向から方位を測定するものである。

船舶用レーダーについていえば、濃霧中や暗夜のように全く視界のきかないときでも、周辺若しくは遠距離の船舶、障害物あるいは地形などを探知してそれらの相対位置を知るとともに、自船の位置も知ることによって海難を防止し、大切な人命と財産を守っている。

大型船では、自動プロッティング機能付きレーダー（ARPA：Automatic Radar Plotting Aid）も多く使用されている。これは、自動衝突予防援助の機能を付加したもので、レーダーからの情報をコンピュータで処理し、複数の相手船の動きを自動的に追尾監視、衝突の可能性の度合いを計算し、結果をわかりやすい形で画面上に表示する。更に危険な状態になった場合は、警報音を発し危険を回避する方法を示す装置である。

しかし、レーダーの探知能力には限界があり、小型船、木造船、小さな氷

メ モ

山及びこれに類似する浮遊物は探知できないこともあるので、注意しなければならない。

5.1.2 レーダーの種類

レーダーには１次レーダーと２次レーダーがあり、用途に応じて適切に使い分けられている。

(1) １次レーダー

１次レーダーは発射した電波が物標で反射して戻ってきた電波を受信する形式であり、その主な用途は次のとおりである。

① 気象用

雨、雪、雲、雷、台風、竜巻など気象に関する情報を探知するためのレーダーで、気象レーダーと呼ばれている。

② 速度測定用

主に自動車などの移動物体の速度を計測するためのレーダーで、移動物体からの反射波が受けるドプラ効果を利用しており、速度測定レーダーと呼ばれている。

③ 距離測定用

物標までの距離を反射波が受信されるまでに要した時間より求めるレーダーで、航空機が地表面からの飛行高度を測定する際に用いる電波高度計もレーダーであり、車間距離を測定するためのレーダーもある。

④ 位置測定用

物標までの往復に要した時間とアンテナのビーム方向から物標の位置を探知するレーダーで、船舶レーダーや航空管制用レーダーなどがある。

⑤ 侵入探知用

不審者などが侵入した際に異常を知らせる警備に用いられるレーダーで、侵入探知用レーダーと呼ばれている。

⑵　２次レーダー

２次レーダーは、相手局に向けて質問電波を発射し、この電波を受信した局よりの応答信号を受信することで情報を得る形式である。１次レーダーと比較して受信電波が強く安定しており、得られる情報が多く、その主な用途は次のとおりである。

①　距離測定用

質問電波発射から応答信号受信に要した時間から当該局までの距離を求めるレーダーで、航空用の距離測定装置や航空機の衝突防止装置として実用に供されている。

②　航空管制用

地上局より航空機に対して質問電波を発射し、航空機より応答信号として航空機の識別符号や飛行高度情報を得るレーダーである。なお、質問電波発射から応答信号受信に要した時間から距離情報を得て、更にアンテナの指向性から方向の情報を得ることで相手局の位置を特定できる。

③　識別情報取得用

相手の無線局に対して質問電波を発射し、当該局より応答信号として各種の情報を得るレーダーで、5〔GHz〕帯の電波による高速道路料金システムの ETC（Electronic Toll Collection）は、この一例である。

5.1.3　レーダーの基本原理

山に向かって大声で叫べばエコー（こだま、反響）が返ってくる。いま、発声からエコーを聞くまでの時間を２秒とすれば、音速は気温20℃で毎秒約344〔m〕（電波は毎秒 3×10^8〔m〕）であるので、音は 344×２＝688〔m〕の距離を伝搬したことになり、人と山との距離はこれの半分で 344〔m〕となって、山までの距離が測定できる。

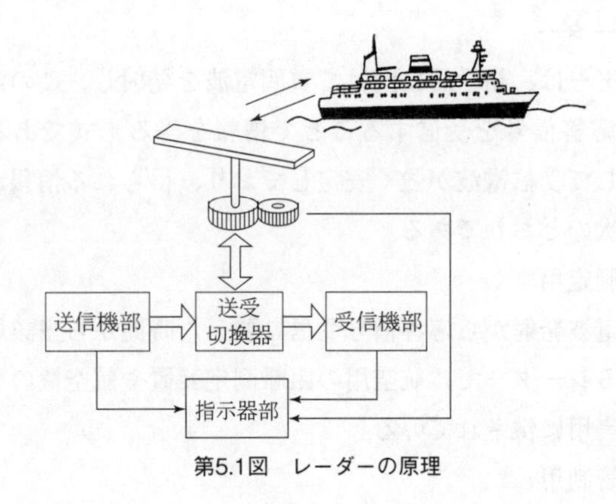

第5.1図　レーダーの原理

第5.1図のように、レーダーは送信と受信を同一の場所で行い、電波の直進性、定速度及び反射することを利用して、指向性の鋭いアンテナから電波を放射し、目標からの反射電波を受信して、電波の往復時間とアンテナの向きから、目標までの距離と方位を測定し、ディスプレイ上に表示する装置である。

5.1.4　レーダー用電波の周波数と型式

(1)　周波数

レーダーで使用する周波数は、その目的に応じて選定する。一般に波長が短くなるほど小さな目標を探知できるが、一方、雨、雪などによる減衰も大きくなるので、最大探知距離が短くなる。

現在、船舶用レーダーには3 GHz 帯（Sバンド)、5 GHz 帯（Cバンド）及び9 GHz 帯（Xバンド）の使用が認められている。3 GHz 帯は波長が10〔cm〕と長く減衰や海面反射が少ないので、荒天用の遠方探知用レーダーとして、また、9 GHz 帯は波長が3〔cm〕と短く、アンテナ、導波管及び装置の小型軽量化が可能で、電波の直進性が良く、かつ、鋭いビームの電波を発射しやすいので、船舶用レーダーとして最も多く使われている。なお、5 GHz 帯については、従来は遠方探知用などに使われていたが、最近では、あまり使用されていない。

(2)　電波の型式

レーダーでは、第5.2図のように、極めて短時間（一般に 0.1～1〔μs〕）の一定振幅のマイクロ波を繰り返し発射する。このような電波をパルス波といい、パルスが発射されている時間をパルス幅という。

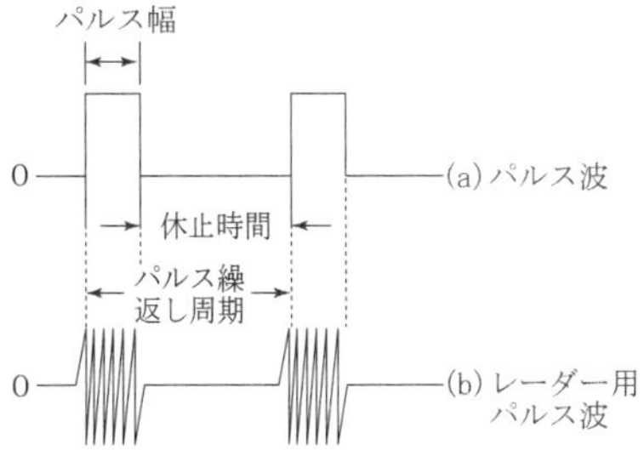

パルス幅
0
(a) パルス波
休止時間
パルス繰返し周期
0
(b) レーダー用パルス波

第5.2図　レーダー電波の波形

パルスが発射され、次のパルスが発射されるまでの時間をパルスの繰返し周期といい、この時間は、一般に 100～1,000〔μs〕で、パルス幅に比べて極めて長い。

このように、マイクロ波がパルス変調されたレーダー用電波の型式は、電波法施行規則第４条の２により、無変調パルス列はＰ、変調信号のないものは０、無情報はＮの記号で表示するよう規定されているため、P0N と表示される。

5.1.5　見通し距離

第5.3図のように、マイクロ波の大気中における伝搬通路は、光の場合よりもわずか下方へ曲がるので、**電波の見通し距離** TB は、光学的な見通し距離 TA よりも少し長くなり、その距離 D' は、次式から算出できる。

$$\left.\begin{aligned} D' &\fallingdotseq 4.12(\sqrt{h_t}+\sqrt{h_r})\ \text{〔km〕} \\ D' &\fallingdotseq 2.23(\sqrt{h_t}+\sqrt{h_r})\ \text{〔海里〕} \end{aligned}\right\} \quad \cdots(5.1)$$

ただし、h_t：送信アンテナの地上高〔m〕

h_r：受信アンテナの地上高〔m〕

1〔海里、nautical mile〕：1,852〔m〕

レーダーの場合は、h_t は、送信アンテナの海面からの高さ、h_r は、目標の海面からの高さである。

また、一般に大気の屈折率は高さとともに減少するが、温度や湿度が逆転する気象状況では、大気の屈折率が高さとともに増加する大気層ができることがある。このような大気層をラジオダクト（ダクト）という。

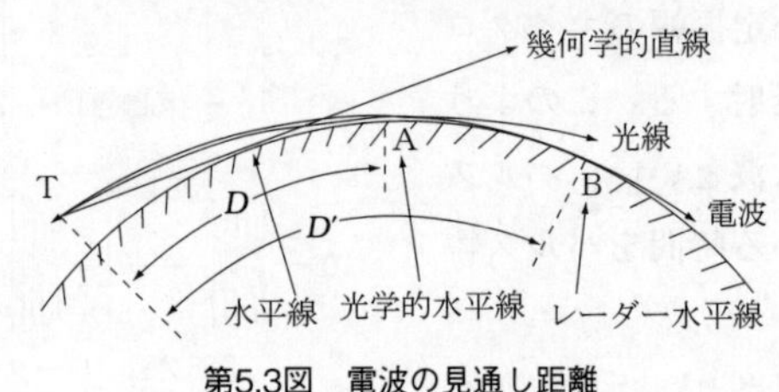

第5.3図　電波の見通し距離

これが発生すると、マイクロ波は、第5.4図のように、ラジオダクト内に閉じ込められて、極めて少ない減衰で見通し距離外まで伝わることがある。

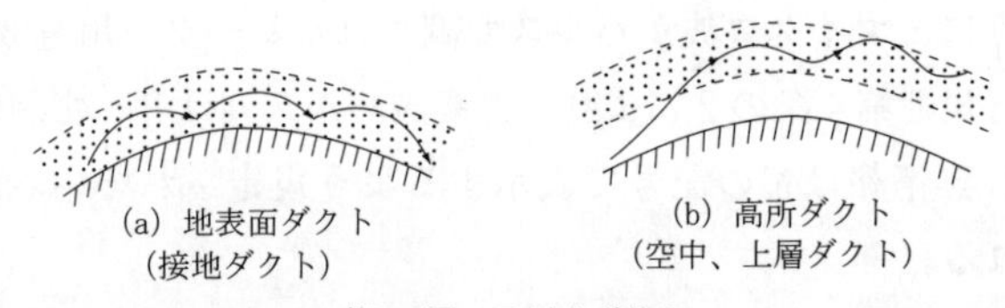

第5.4図　ラジオダクト

5.1.6　マイクロ波の伝わり方の特徴

① 一般に見通し距離内にしか伝わらない。

マイクロ波は、光と同様に直進性をもち、一般にその伝わり方は直接波により、見通し距離内に限られる。

② 伝搬特性は安定である。

HF 帯に比べれば、マイクロ波は外部雑音、フェージング（電波を受信したとき、受信信号強度が大きく変化する現象）及び空電雑音などの影響は少ないので、伝わり方が安定している。

③ 気象の影響を受けやすい。

周波数が 10〔GHz〕以下では、雨、雪、雲、霧、大気などによる減衰は比較的少ないが、10〔GHz〕を超えると、これらの影響を受けて減衰が大きい。

5.1.7　レーダーにマイクロ波を用いる理由

マイクロ波のように周波数が高くなると、一般に送信機で大きい電力を発生しにくくなり、また、受信機自身の内部で発生する雑音（内部雑音）も重要な要素となり、これらは、レーダーの性能に影響する。また、雨、雪、雲、霧などによる減衰（特に、10〔GHz〕以上では大きい。）も大きい。それにもかかわらず、マイクロ波がレーダーに用いられるのは、次の理由による。

①　波長が短いほど、回折などの現象がなく電波の直進性が良い。

すなわち、光と同様に直進するため、発射した電波が物体で反射して返ってくる往復に要する時間と距離が比例するので、目標物までの正確な距離を測定できる。

②　波長が短いほど、小さな物体からの反射波が強い。

しかし、あまり短くなると雨滴などによる減衰が大きくなるので、目標を探知できる距離が短くなる。

③　波長が短いほど、容易に指向性の鋭いアンテナが得られる。

したがって、距離及び方向の差が小さい複数の目標物の識別が容易になるとともに、アンテナが小型になる。

④　短い波長を使用するほど、短いパルスを使用することができる。

5.1.8　レーダーにパルスを用いる理由

第5.5図のような持続波では、目標までの距離が測れない上に、距離の異なる目標からの反射波も重なってしまうので、ディスプレイ上の映像で目標の分離ができない。パルス波では第5.6図のように、距離の異なる目標からの反射は、距離に応じた時間的遅延があるために、明確に分離した映像が得られる。

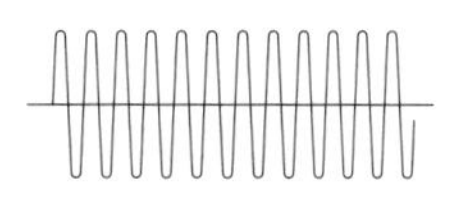

第5.5図　持続波

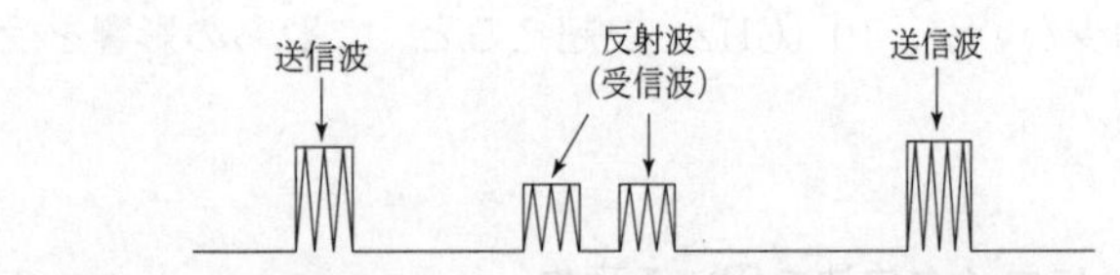

注　実際には、反射波のエネルギーは、送信波に比べれば図示できないほど小さい。

第5.6図　レーダーにパルスを用いる説明

5.2　レーダーの性能

レーダーの性能としては、近距離から遠距離に至るまで、できるだけ広い範囲にわたって、一つ一つの目標を容易に探知でき、しかも、測定した目標の距離及び方位の精度が高いことが望ましい。レーダーの性能に関する主要な項目は、次のとおりである。

(1)　最大探知距離　　(2)　最小探知距離

(3)　距離分解能　　(4)　方位分解能

(5)　距離誤差　　(6)　方位誤差

5.2.1　最大探知距離

目標を探知できる最大の距離を最大探知距離（R_{max}）という。

最大探知距離はレーダーの性能のほかに、いろいろな環境条件が影響するので、一義的な決定は困難であるが、最大探知距離を大きくするための条件は、次のとおりである。

(1)　アンテナ利得を大きくする。

アンテナ利得を大きくするには、スロットアレーアンテナではスロットの数を多くし、パラボラアンテナではアンテナの開口面積を大きくすればよい。

(2)　アンテナの高さを高くする。

最大探知距離は、電波の見通し距離にほぼ等しいので、アンテナを高い位置に設置すればよい。しかし、第5.7図のように、あまり高いとアンテナの死角が大きくなる。

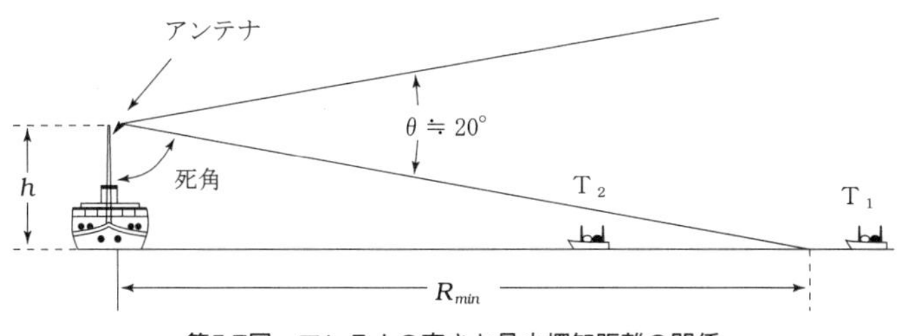

第5.7図　アンテナの高さと最小探知距離の関係

(3)　送信電力を大きくする。

最大探知距離（R_{max}）は、送信電力の4乗根に比例するので、送信電力だけで R_{max} を2倍にするためには、16倍の増力が必要となり、この方法はあまり効果的でない。

(4)　受信機の感度を良くする。

感度を良くするためには、受信機の内部雑音を小さくして、信号対雑音比の改善を図る。

(5)　パルス幅 τ（タウ）を広くし、繰返し周波数を低くする。

パルス幅は広いほど反射エネルギーが大きくなる。また、パルス繰返し周波数を低くし、電波の発射間隔を最大探知距離に見合った時間とする。

5.2.2　最小探知距離

近接する目標を探知できる最小の距離を**最小探知距離**（R_{min}）という。

電波は1〔μs〕に約300〔m〕の距離を伝わるから、片道で150〔m〕となる。したがって、τ〔μs〕の時間には、150τ〔m〕の距離を往復することになる。

レーダーは、電波を出している間は受信できないため、アンテナからの距離が 150τ〔m〕以下である目標は測定できないことになるので、R_{min} は、次式で示される。

$$R_{min} = 150\tau \text{〔m〕} \quad \cdots(5.2)$$

パルス幅 τ を 1〔μs〕とすれば R_{min}=150〔m〕、τ=0.5〔μs〕では 75〔m〕、τ=0.25〔μs〕では 37.5〔m〕となる。

しかし、パルス幅を狭くすると、占有周波数帯幅が広がり、結果的に受信機の帯域幅を広げる必要があり、これに伴い内部雑音が増加するので最大探知距離が短くなる。したがって、近距離の目標を探知する場合はパルス幅を狭くし、遠距離の目標を探知する場合にはパルス幅を広くすればよい。

また、第5.7図より R_{min} は

$$R_{min}=\frac{h}{\tan\dfrac{\theta}{2}}=h\cot\frac{\theta}{2}$$

で表される。この式は角度 θ が広がるほど R_{min} が小さくなることを表している。したがってアンテナを低くし、垂直ビーム幅を広げれば R_{min} は短くなる。しかし、あまりアンテナを低くしたり、垂直ビーム幅を広げると最大探知距離 R_{max} が短くなる。

通常、船舶はレーダーを2台装備し、レーダーマストの高い方に3 GHz帯のレーダー、低い方に9 GHz 帯のレーダーを設置し、R_{max}、R_{min} を満足させるようにしている。また、垂直ビーム幅は15°～25°にしている。

5.2.3　分解能

レーダーの指示器で目標を観測する場合、二つの目標があまり接近していると、二つの目標として判別できない。どこまで接近していても二つの目標として判別できるかの能力を分解能という。分解能には、距離分解能と方位分解能とがある。

(1)　距離分解能

方位が同一で距離が異なる二つの目標がある場合、二つの目標として判別できる相互の最短距離を距離分解能という。

いま、第5.8図のように電波の進行方向に、ある距離だけ離れた二つの目標がある場合、パルス幅 τ〔μs〕の電波を発射したとすれば、電波の

伝搬速度は３×10⁸〔m/s〕であるから、τ〔μs〕の間に進む距離は、

$$3\times10^8\times\tau\times10^{-6}=300\tau\ \text{〔m〕} \qquad \cdots(5.3)$$

となり、τ〔μs〕の間に 150τ〔m〕の距離を往復することになる。

また、R〔m〕を往復するのに必要な時間 t_d は、

$$t_d=\frac{R}{150}\ \text{〔}\mu\text{s〕}$$

である。

図(a)の場合は目標が 150τ〔m〕以上離れているので、二つの目標が判別できる。図(b)の場合は相互の距離が 150τ〔m〕より短いので、最初の目標Ａからの反射波が終わる前に、目標Ｂからの反射波が返ってくる。したがって、二つの目標を判別することができない。

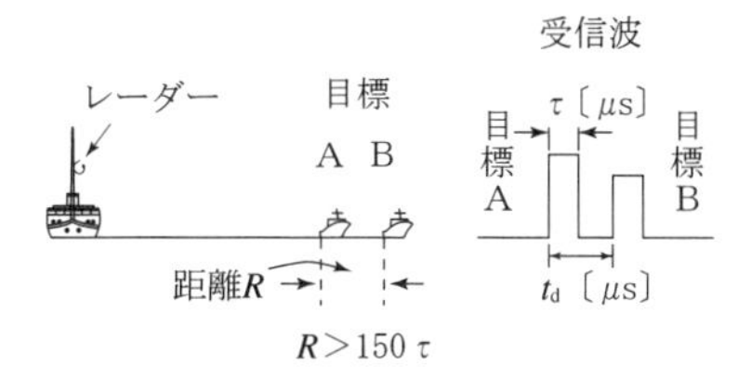

(a)　２目標の判別は可能

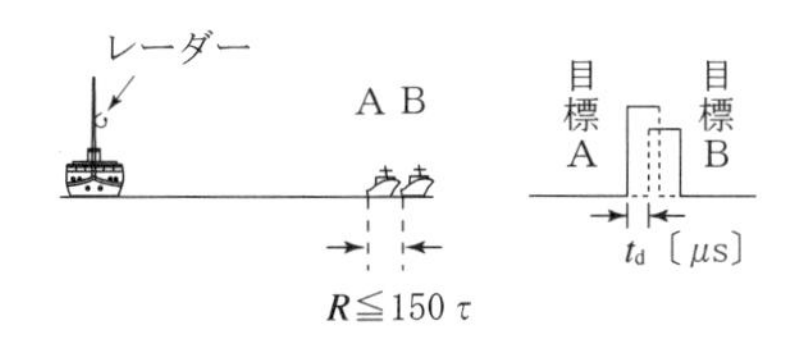

(b)　２目標の判別は不可能

第5.8図　距離分解能の説明

以上のようにパルス幅を τ〔μs〕とした場合の距離分解能 R は、

$$R=150\tau\ \text{〔m〕} \qquad \cdots(5.4)$$

となるので、$\tau=1$〔μs〕の場合は 150〔m〕、$\tau=0.2$〔μs〕では 30〔m〕のように、パルス幅の狭いほど距離分解能は良くなる。

(2)　方位分解能

等距離で、方位角がわずか異なって離れている二つの目標がある場合、二つの目標として判別できる最小の方位角の差を**方位分解能**といい、主にアンテナの水平面内指向性によって決まる。アンテナの水平面内指向性は、一般に最大放射方向と比べて $\frac{1}{2}$ 以上の電力となる幅（角度）をもって表し、これを**ビーム幅（半値幅）**という。

方位分解能は、水平面内のビーム幅が狭いほど良くなる。

第5.9図(a)のように、アンテナが鋭い指向性をもっていれば、目標A、Bからの反射波は区別して受信され、映像は2点として現れる。しかし、図(b)のように指向性の広い場合には、Aの反射波が終わらないうちに、Bの反射波が到来するため、指示器画面では単一の像となり、二つの目標が識別できなくなる。

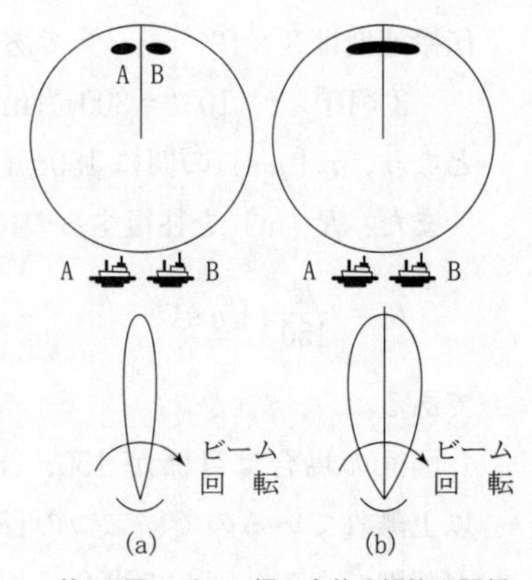

第5.9図　ビーム幅と方位分解能の関係

5.3　レーダーの誤差

レーダーは、目標を目で見る代わりにその映像を指示器画面に表示し、目標までの距離や方位を測定するものである。しかし、指示器画面に現れる映像は必ずしも正確に目標を映し出しているものではなく誤差を伴う。この誤差には、レーダー自体の固有誤差と外界の状態が映像に影響するために生じる誤差とがある。

5.3.1　距離誤差

距離目盛による誤差

目標の距離をスコープ上で測定するには、固定距離目盛（固定距離マーカ、固定マーカ）を用いる場合と、可変距離目盛（可変距離マーカ、移動マーカ、可変マーカ）を用いる場合とがある。

固定距離目盛の場合の誤差は、使用最大距離の±1〔%〕程度である。目盛と目盛の間は、目分量で補間して読むので人為的誤差を生じる。

距離を求めるときは第5.10図(a)のように、可変距離目盛の外縁を目標の中心（自船）に近い方の側に正確に接触させて読み取り、図(b)のように、目標の中心に可変距離目盛を重ねて読んではならない。距離の測定は、送信パルスの立ち上がりから受信した反射波のパルスの立ち上がりまでを測定する必要があるためである。

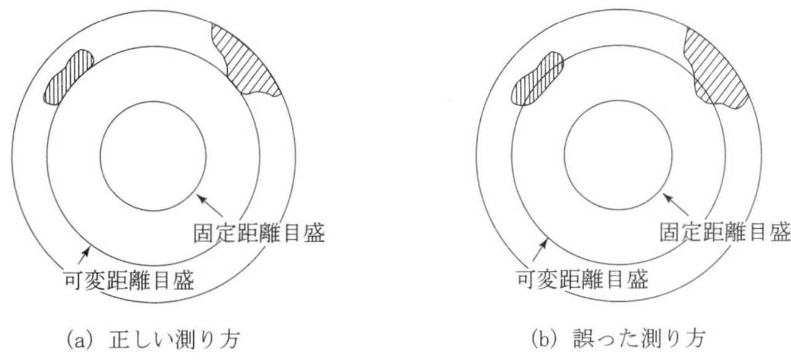

第5.10図　距離の測り方

5.3.2　方位誤差

(1)　方位目盛による誤差

比較的小さい目標の映像は指示器画面の中心付近では点状に現れるが、端の方にいくに従って線状に映るようになる。これはアンテナのビームの広がりのためで、方位を正しく測定するには第5.11図のように、目標の中央にカーソル線を合わせる必要がある。このとき方位目盛に誤差があると測定した方位角に誤差を生じる。

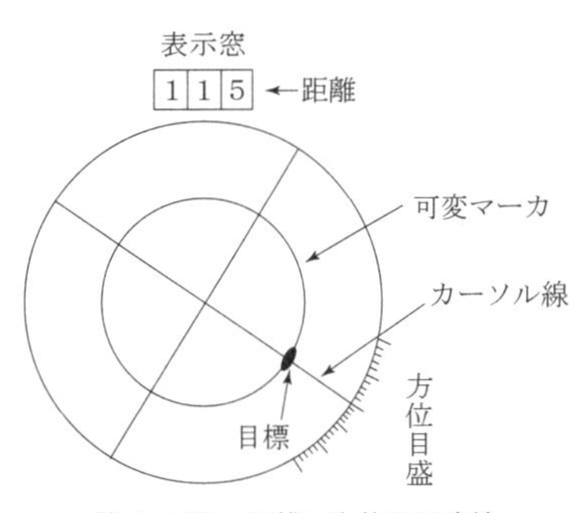

第5.11図　距離と方位の測定法

(2)　方位（映像）拡大効果による誤差

目標からの反射波は、目標がアンテナの水平ビーム幅の中にある間受信され、その間目標がビームの中心方向にあるものとしてスコープに輝点が現れるため、目標の幅が左右にビーム幅の $\frac{1}{2}$ ずつ拡大されて表示される。第5.12図のように、目標の幅を B としたとき、ビーム幅が A のレーダー

波は C 方向から D 方向まで受信され、スコープ上では目標の幅が E に拡大される。これを方位拡大効果（又は映像拡大効果）という。この現象は、輝点の大きさを考えると更に大きくなる。

したがって、島の端などの方位を測定する場合は、第5.13図のように、映像の端から水平ビーム幅のほぼ $\frac{1}{2}$ だけ内側に入ったところにカーソルを合わせる必要がある。

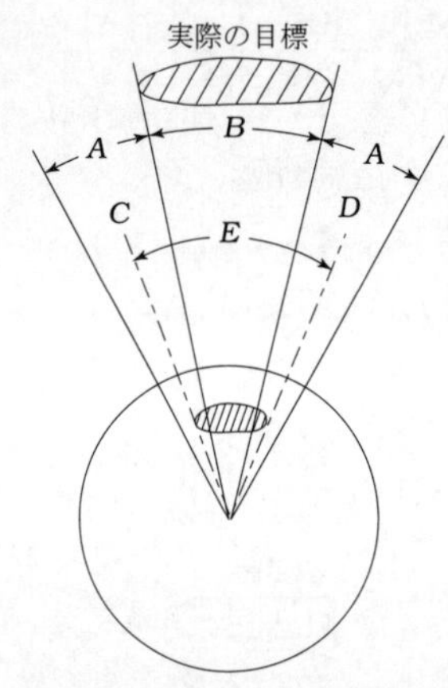

第5.12図　方位（映像）拡大効果

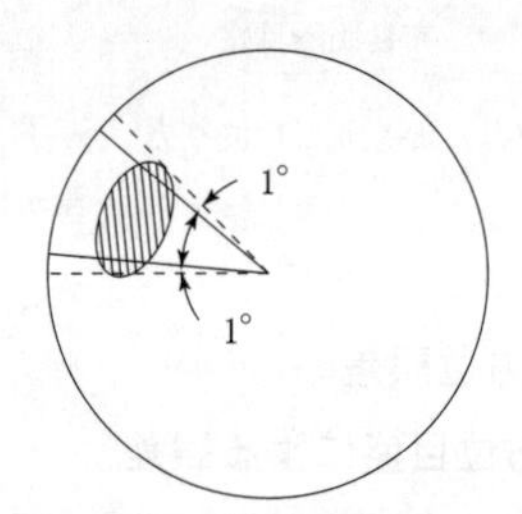

カーソルを実線の位置に合わせて方位を読む（ただし、水平ビーム幅を2°とした場合である。）

第5.13図

(3)　アンテナの取付け不良による方位誤差

アンテナの取付けが悪いためにアンテナが正しくスコープの掃引線の方位を指していない場合があるため、方位を正確に測定できる目標を選んでそれがスコープ上に正確な方位として現れるかを確認し、必要に応じて較正する。

以上のような理由のために、スコープ上の映像の方位を正確に測定したいと思っても映像の現れ方に±0.5°程度の誤差があり、映像の読取りにも±0.5°程度の誤差がある。また、アンテナの向きとスコープの掃引方向の同期の間にも±1°程度の誤差があるので、最悪の場合には上記の誤差が重なり合って2～3°に及ぶ方位誤差を生じる。映像によって得た方位は、この誤差の範囲で信頼できるものであることを認識しておく必要がある。

5.4　船舶用レーダー

5.4.1　構成と動作の概要

船舶用（舶用）レーダーは、メーカにより多少の相違はあるが、その機器の系統と構成は、第5.14図と第5.15図のとおりで、送信機部、受信機部、アンテナ部、指示器部、電源部、ケーブルなどから成っている。送信機部でパルス状のマイクロ波を発振させ､送受切換器を通してアンテナから放射する。

目標に当たったマイクロ波は反射されて再びアンテナを経て受信機部に導かれる。受信機部では 30～60〔MHz〕の中間周波数に変換して、増幅、検波を行い、指示器部のディスプレイに映像として表示する。PPI（平面位置表示）レーダーでは、アンテナの向きから目標の方位を知るために、ディスプレイ上の掃引線とアンテナの回転を同期させる必要がある。この回転同期信号はアンテナから指示器に送られる。

最近の船舶用レーダーは、高性能・高機能化と小型化が顕著であり、大型船舶はもとより小型漁船、プレジャーボートでも広く用いられている。従来は丸形のブラウン管であって、長い残像性を利用するもので、画面走査がアンテナの回転と同期しており、物標の輝点がしばらくすると消えてしまうものが利用されていたが、現在では、全画面の情報を記憶して表示させるためのメモリと制御回路を組み込むことにより、テレビ画面のように昼間でも特にフードを用いる必要のない、映像全体が鮮明に表示できるデイライトタイプ（スキャンコンバータ方式ともいう。モノクロ、カラー表示可能。）が広く利用されている。

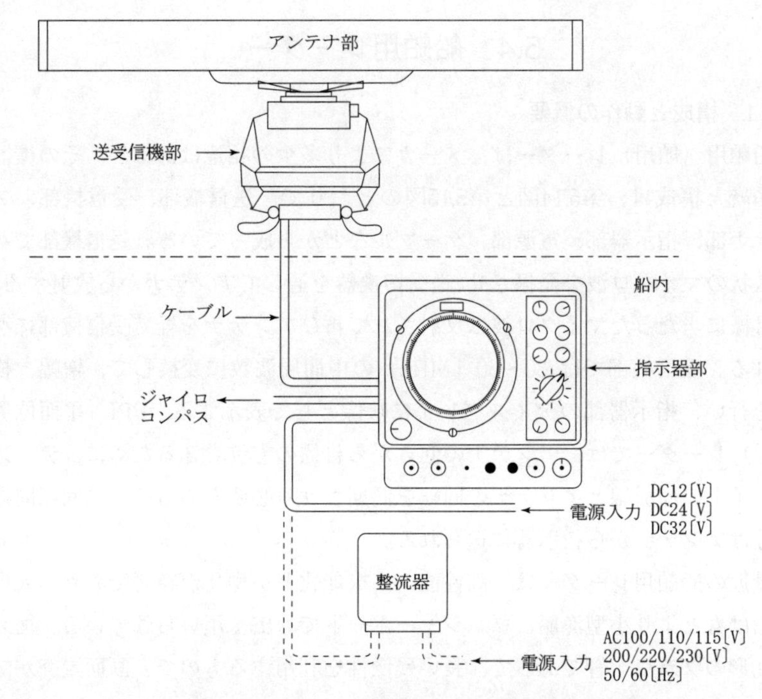

第5.14図　2ユニット船舶用レーダー機器の系統図

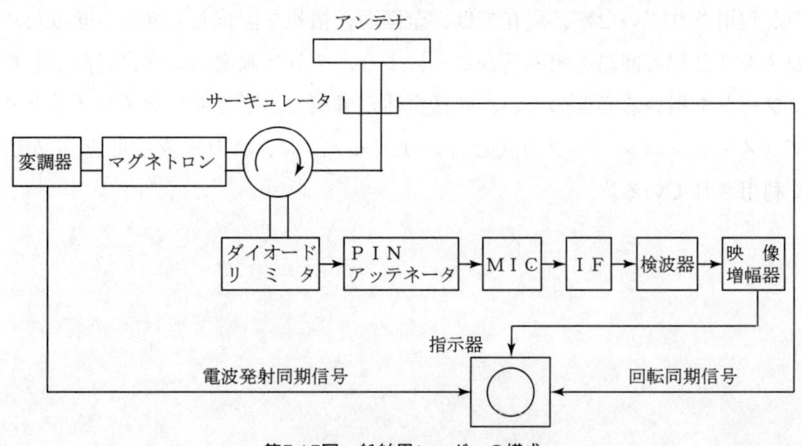

第5.15図　船舶用レーダーの構成

5.4.2　送信機部

構成は第5.16図に示すとおりで、その動作は、指示器からのトリガパルスを FET に加えることにより、FET は所定の時間 ON になるスイッチの役目をし、その時間幅を持つ高圧パルスを発生する。その高圧パルスがマグネトロンに加えられると、マグネトロンは高い尖頭出力（3 kW ～60kW）で発振する。最近のレーダーでは、マグネトロンを用いない送信回路が半導体で構成された固体化レーダーが作られている。

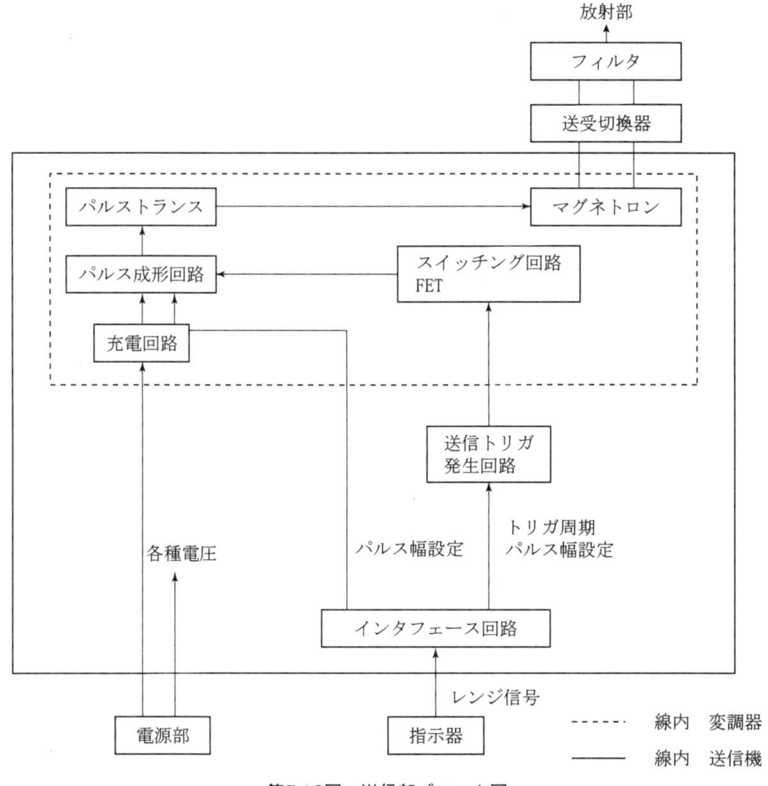

第5.16図　送信部ブロック図

5.4.3　受信機部

(1)　構成

第5.17図のような構成で、機種によってはPINダイオードアッテネータ、帯域切換は他のブロックの中に組み込まれている場合もある。また、受信レベルに対して広ダイナミックレンジ特性を有する受信機では、中間周波増幅器のGAIN、STC制御は、ビデオ出力後に実施されることが多い。

高周波増幅器や周波数変換部はMIC（Microwave Integrated Circuit：マイクロ波集積回路）の中に組み込まれている。

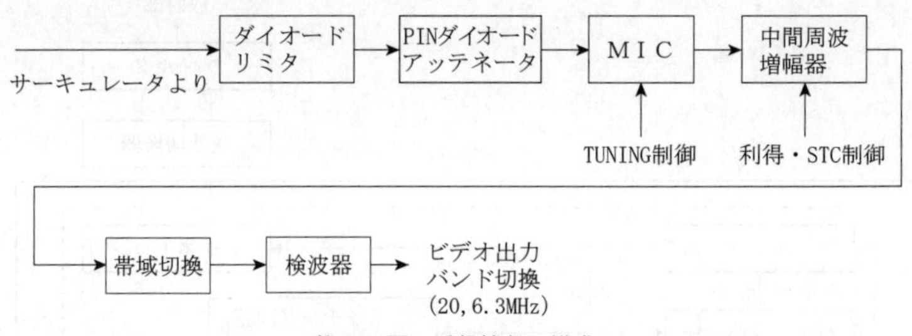

第5.17図　受信機部の構成

(2)　ダイオードリミタ

受信機の保護と送受信の電力損失を防ぐために受信機の入力端に置かれる。

第5.18図のような構成で、導波管の一部に同軸回路を設け、リミタ用ダイオード（可変容量ダイオード）を装着し短絡させる方式である。このリミタ用ダイオードにパルス電力が入るとダイオードの接合容量が変化し、導波管との結合特性が大きく変化してインピーダンスの不整合が生じ、入力電力を反射する特性を持っている。

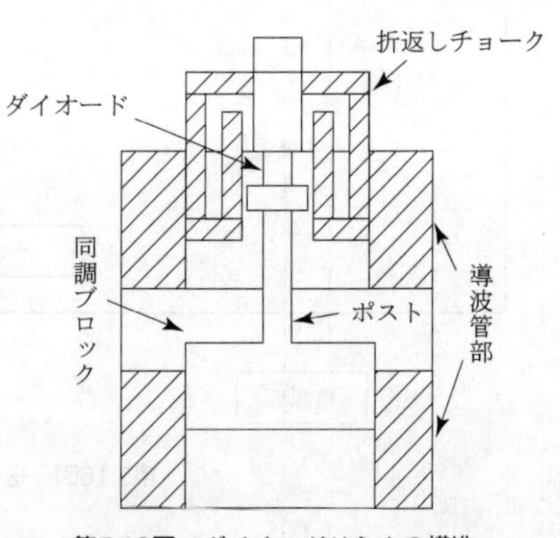

第5.18図　ダイオードリミタの構造

(3)　MIC

第5.19図のように高周波増幅器、平衡型ミキサ及び局部発振器を一つにまとめたものである。

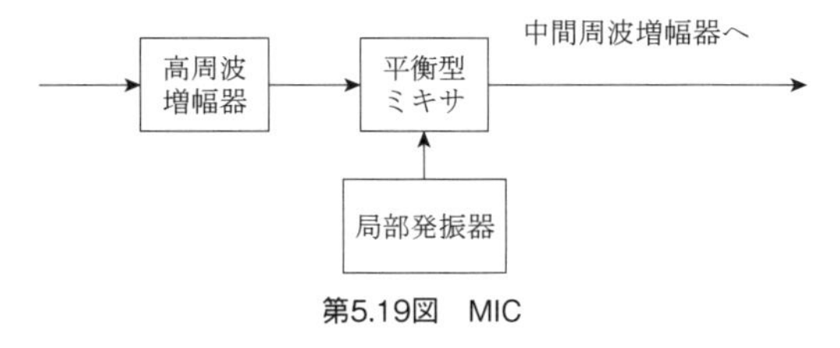

第5.19図　MIC

(A)　高周波増幅器

レーダー受信機には、高感度・高利得などの利点からスーパヘテロダイン方式が幅広く採用されている。高周波増幅器としては、S/N 比の良好な特性を得るために、LNA（Low Noise Amplifier）が構成される。近年の技術進歩によってガリウム砒素電界効果トランジスタ（GaAs FET）やHEMT（High Electron Mobility Transistor）などの低雑音特性を有する半導体デバイスが使用されるようになり、高感度の実現に大きく寄与している。

小形のレーダーの場合は、高周波増幅器がなく、周波数変換部に直接受信入力が加わる方式のものもある。

(B)　平衡型ミキサ

3 dB 結合器と検波ダイオードでできており、局部発振器の信号との差の中間周波数（Sバンド、Xバンド共に 60〔MHz〕）を取り出す。受信周波数を f、局部発振周波数を f_0 としたとき、($f+f_0$) のみを取り出し、($f-f_0$) を 3 dB 結合器で取り除いている。

(C)　局部発振器

通常、FET のコルピッツ回路やクラップ回路が用いられている。最近ではパッケージ化された VCO（Voltage Controlled Oscillator）を用いることが多い。MIC の同調周波数は、マグネトロンの発振周波数の固体差（Xバンドで ±30〔MHz〕、Sバンドで ±20〔MHz〕）等を十分カバーできる範囲で可変が可能であり、最大 180〔MHz〕くらいまで対応するものもある。

(4) 中間周波増幅器

平衡型ミキサからの信号を増幅し、第二検波器でビデオ信号に変換するまでの増幅器である。Xバンドを例にした波形を第5.20図に示す。

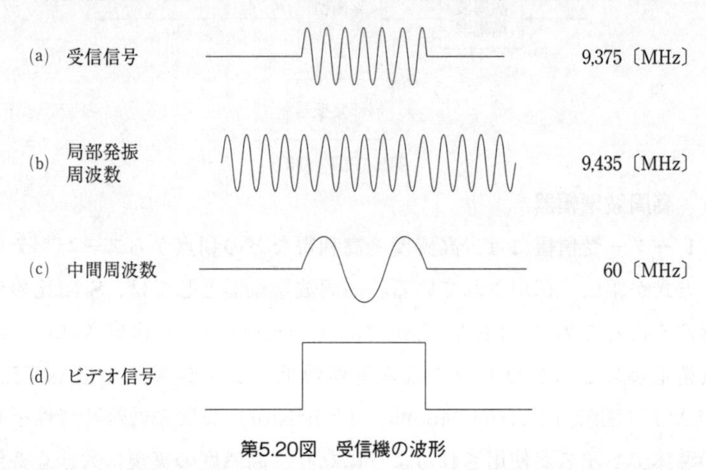

第5.20図　受信機の波形

中間周波信号は、第5.21図のブロック図に示すように、受信機の増幅の大半をこの回路で行うため約100〔dB〕くらいの利得を必要とする。初段増幅器で MIC とのインピーダンス整合を行い、低レベルの増幅を行っている。2段目、3段目で増幅された後、検波された信号は、インピーダンス整合の働きをするエミッタホロワ回路を通してビデオ増幅器に送られる。

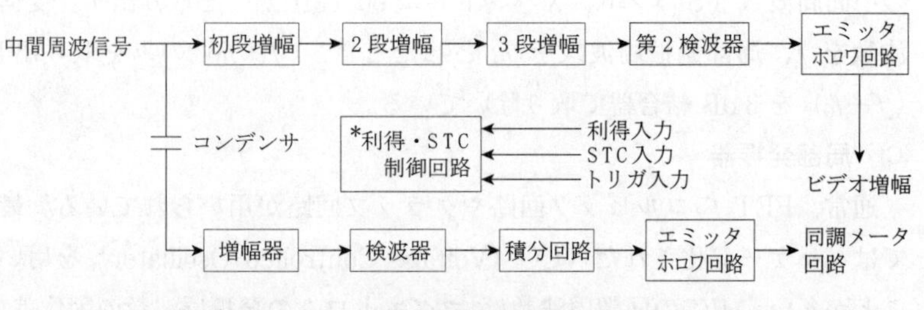

＊利得制御回路は IAGC（瞬時自動利得制御）の働きをする

第5.21図　中間周波増幅器のブロック図

5.4.4　送受切換器

レーダーは、一般に送信、受信に一つのアンテナを共用しているが、この場合に送信出力と受信入力の間に大きなレベル差があるため、送信出力が直接高感度の受信機に入ると受信機の素子を焼損する。また、大きな入力信号のため送信パルスの停止後も受信機が直ちに定常状態に復さないので、近接した目標からの反射波は受信できなくなる。更に、アンテナからの弱い受信入力が送信側に一部漏れて損失となる。

これを避けるために、送信時には送信機のみが、受信時には受信機のみが、アンテナに結合されるように送受切換器を用いる。

送受信の切換えに使用されるサーキュレータは、第5.22図の円形の部分で、マイクロ波の伝達方向を変え送受信波の分離をする。内部は磁化されたフェライト材料で作成され、電源は必要としない。

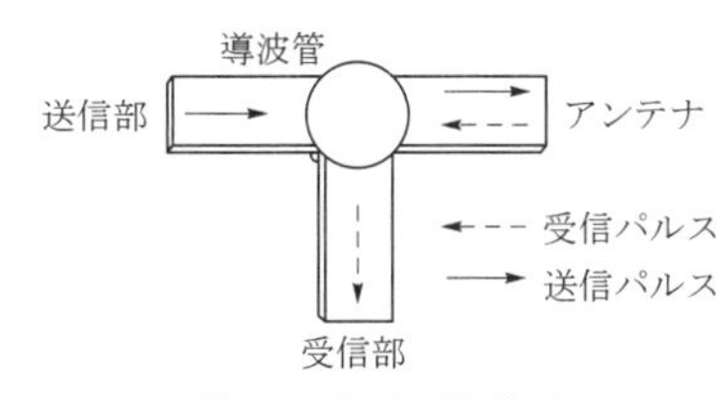

第5.22図　送受切換器

送信部からアンテナへの経路は減衰がなく、受信部への経路は非常に大きな減衰がある。アンテナから受信部への経路は減衰がなく、送信部への経路は非常に大きな減衰がある。

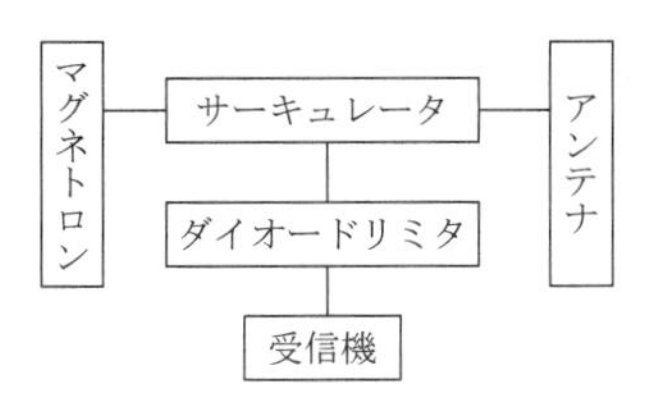

第5.23図　サーキュレータ方式の送受切換器の原理図

ダイオードリミタは、近接の他局レーダーからの送信電波が直接アンテナから入った場合、これを減衰させ、周波数変換器の素子を保護するために設けている。

5.4.5　アンテナ系部

レーダーでは、アンテナを回転（毎分 10〜30〔回〕程度）させて使用するために、アンテナをスキャナ（「走査するもの」という意味）ともいい、一般には、一つのアンテナを送信と受信に共用している。

(1)　アンテナの特性

(A)　アンテナ指向性

電波を利用する目的によっては、特定の方向にだけ強く放射し、他の方向にはなるべく放射を抑えたい場合がある。それには、適切な指向性のアンテナを用いることにより電波をビームとして放射させる。レーダーでは方位を測るため及び最大探知距離を確保するために、指向性の鋭いアンテナを用いている。

アンテナの指向性は、水平面内と垂直面内とに分けて考え、それぞれ水平面内指向性、垂直面内指向性という。しかし、単に指向性といえば、水平面内指向性を指すことが多い。

第5.24図に示す指向性図のように、放射が多くの方向に分かれている場合、最大の方向の放射をメインローブ（主ビーム）、これ以外の方向の放射をサイドローブ（副ローブ）及びバックローブ（後方のもの）という。サイドローブは、なるべく抑えることが望ましいが、零にすることは極めて困難である。ビーム幅、すなわち、最大方向に比べて電力が半分になる幅（半値幅）をもって指向性のせん鋭度を表す。

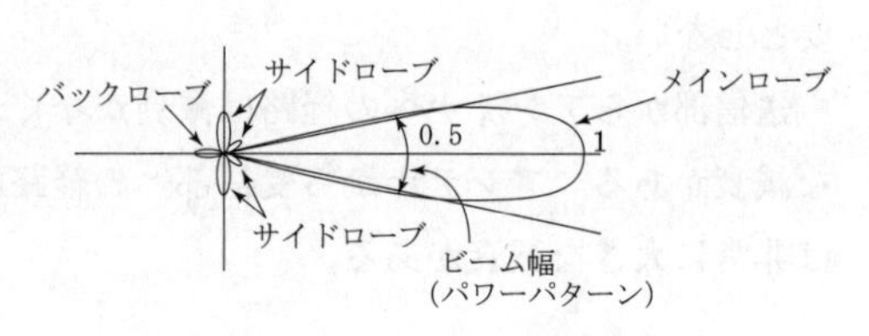

第5.24図　アンテナの水平面内指向性

(B)　レーダーアンテナに必要な指向性

①　水平面内指向性は鋭いこと（水平面内のビーム幅をできるだけ狭くすること。）。

ビーム幅が狭いほど、方位差が小さい目標でも分離して識別する

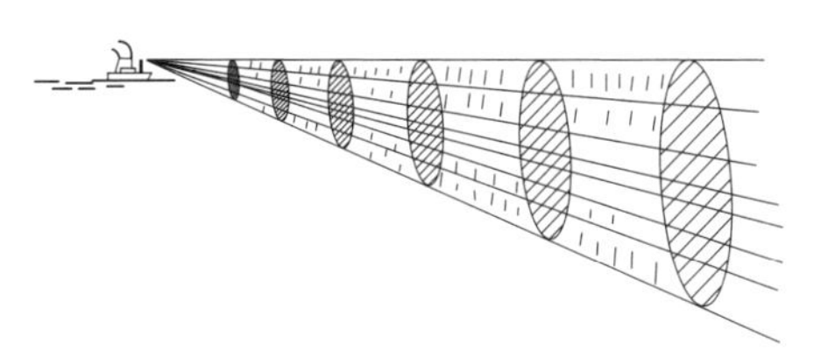

第5.25図　船舶用レーダーアンテナの指向性
(扇形ビーム（ファンビーム))

ことができる。また、同じ送信電力の場合には、目標にエネルギーが集中するので、大きなエコーが返ってくることになり遠距離にある目標の探知が容易になる。

船舶用レーダーアンテナの指向性は、第5.25図のような扇形ビーム（ファンビーム）であって、水平面内のビーム幅は狭く1～1.5°である。

② 垂直面内指向性は鋭くないこと（垂直面内のビーム幅はできるだけ広くすること。)。

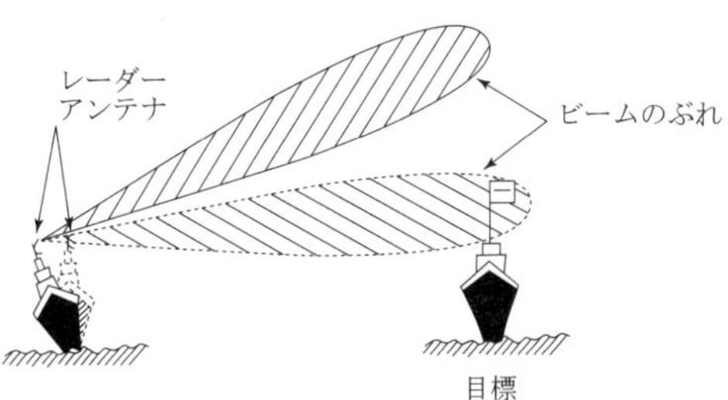

第5.26図　船舶の動揺のため目標を見失う場合

船はローリング(横揺れ)、ピッチング（縦揺れ）があるので、波が荒くなると第5.26図のように船の動揺によって目標を見失うおそれがある。これを防ぐために、垂直面内のビーム幅は 15～25°程度にしている。

③ サイドローブは、できるだけ抑制すること。

サイドローブが強いと偽像を生じて映像の判別が困難になるので、メインローブに比べてできるだけ抑制する必要がある。

(2) スロットアレーアンテナ

(A) 構造

第5.27図のように、方形導波管に$\frac{\lambda_g}{2}$（λ_gは管内波長）の間隔で数十個から数百個のスロット（「細い溝」の意味）を互いに異なる向きに切り、導波管の中を伝搬する電磁波を、スロットから直角方向に鋭いビームとして放射するようにしたアンテナをスロットアレーアンテナ（スリットアンテナ）という。スロットが互いに異なる向きなので、垂直方向の電界成分は逆位相となり打ち消されるので、水平偏波のアンテナとなる。

これは、防水、防じん、塩害防止、強度補強のため、誘電体のレドーム（レーダードーム：「レーダーの円がい」を略した用語）で前面を覆っている。

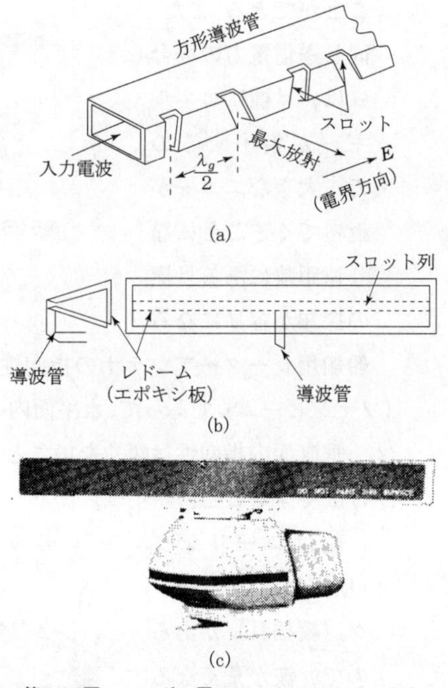

第5.27図　レーダー用スロットアレーアンテナ

(B)　特徴

① 水平面内指向性が鋭く、サイドローブも小さい。

② 形状が小さく軽量で、風圧が少ない。

(3)　導波管

導波管は、第5.28図のような中空の金属管でこの中を電磁波を伝送させ

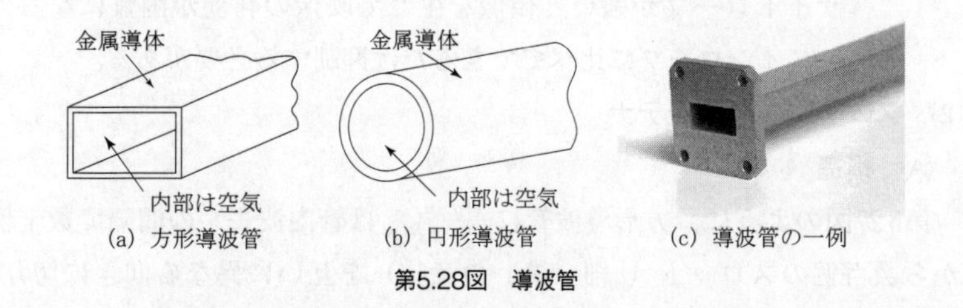

第5.28図　導波管

ると、減衰が極めて少なく、マイクロ波では特に望ましい伝送線路となる。

⑷　同軸ケーブル

第5.29図のように、断面が円形の外部導体と内部導体を高周波損失の少ないポリエチレンで絶縁した伝送線路を同軸ケーブルという。

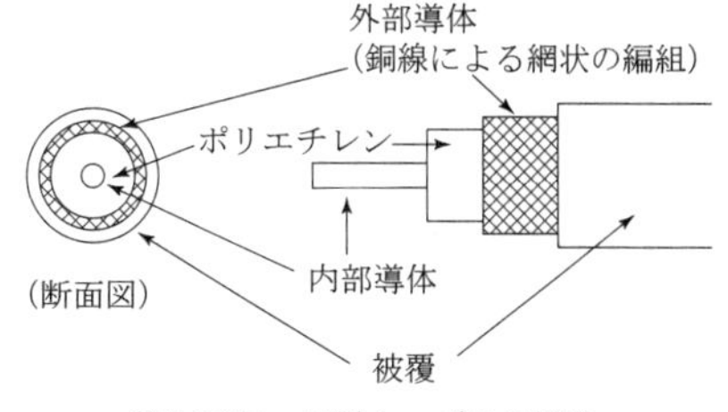

第5.29図　同軸ケーブルの構造

5.4.6　指示器部

指示器部は目標の位置を表示する装置である。その表示形式として PPI (Plan Position Indicator 平面位置表示) 形式が採用されている。これは、指示器の中心をレーダーのある位置とし、半径方向に距離、円周方向に方位をとっている。反射波を受信したとき指示器に目標を映し出し、目標までの距離と方位を同時に測定する形式である。自船を中心として鳥瞰図のように周りの海域を上から見るようになるので、わかりやすいという特徴がある。

5.4.7　スキャンコンバータ方式による目標表示

かつてのレーダーは、残像式の円形ブラウン管表示で昼間は遮光フードを必要とし、同時に観測できる人数は一人であった。現在はテレビやパソコン

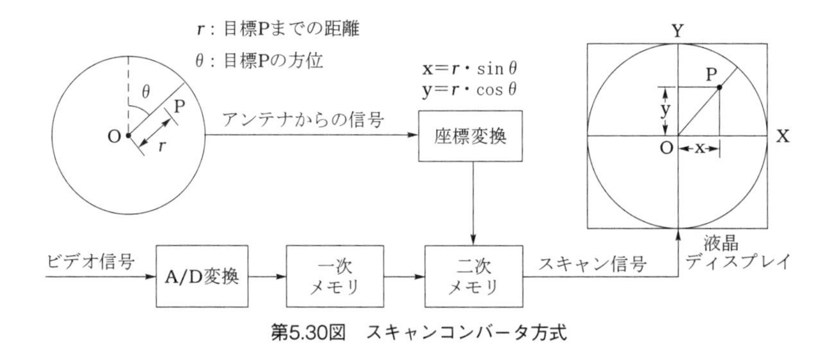

第5.30図　スキャンコンバータ方式

と同様の高輝度高精細液晶ディスプレイ（LCD：Liquid Crystal Display、走査線数800本～1,024本程度）が使われ、四角形のものが一般的になり、昼間でも複数の人数で同時に観測することができる。ただし、反射波のある、海域を表示する部分は方位も表示する関係で円形である。

第5.30図のように、ビデオ信号は A/D 変換され、一次メモリに記憶される。その後、映像データを収める二次メモリに送られるとき、アンテナの方位角と、反射波が受信されるまでの時間により算出された x−y の座標（画面上の位置）により、該当する位置に記憶される。次にこのデータを読み出し、液晶ディスプレイに映像を映し出す。テレビ画像と同じように毎秒60回程度の書き直しをするので、明るい映像が得られる。

反射電波の強度は目標の状況により、強い信号から弱い信号まで様々である。物標からの反射波を単に「ある・なし」だけで表示すると全て同じ輝度の表示となって、見づらいものになってしまう。そこで、A/D 変換するとき反射波の強弱により８～16階調程度の濃淡に分け、映像が見やすくなるように工夫されている。

スキャンコンバータ方式の特徴

① 表示器が常に一定の明るさを保っているので、見やすい。
② 複数の情報を合成表示できる。
③ 複数の人数で同時に観測できる。
④ 移動物目標に航跡を添加表示できる。
⑤ カラー表示ができる。
⑥ コンピュータネットワークに接続可能。
⑦ 遠隔観測が可能。

⑴ 方位信号入力部

ビデオ信号と船速のログ信号、ジャイロコンパスからの方位信号を座標変換器に送り込む。座標変換器は、方位・距離データを表示画面上に輝点で表すための XY 座標変換を行い、メモリコントローラに送り込む。

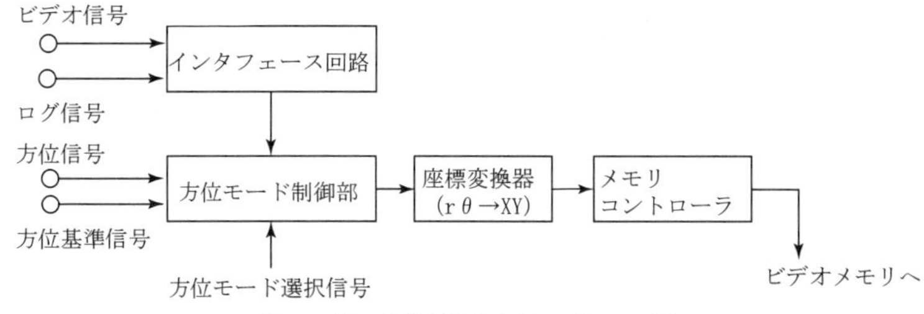

第5.31図　方位信号入力部のブロック図

⑵　ビデオ信号入力部

受信機から出力されるビデオ信号は、雨雪反射信号の抑制を行う FTC 回路に入力される。最近のレーダーでは、FTC 回路は、前述の GAIN、STC、MBS 制御※とともに、A/D 変換後にデジタル信号処理として実施されることも多くなった。

※近距離の物標を判別する際、中心の輝点が大きすぎて見にくい場合、それを抑圧して見やすくする回路。

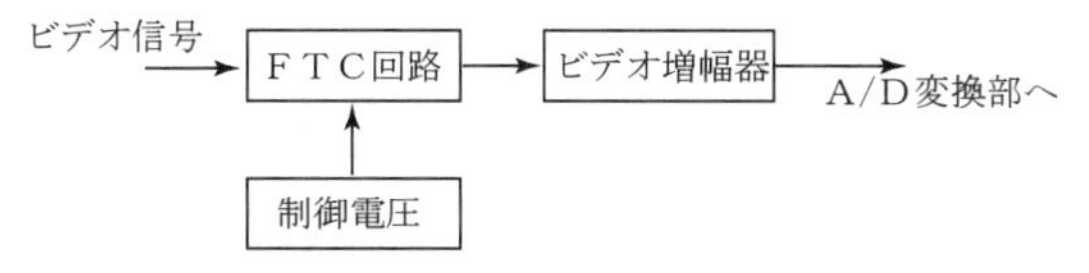

第5.32図　ビデオ信号入力部の構成

FTC（Fast Time Constant）回路は、雨や雪などからの反射波が表示画面上に現れるのを除去する回路である。雨や雪の強い信号が入ると表示画面上は、一様に白くなり判別できない。第5.33図の微分回路を通すと物標が判別できる。

最近のレーダーは、機種により STC 回路も FTC 回路も自動になっている場合がある。

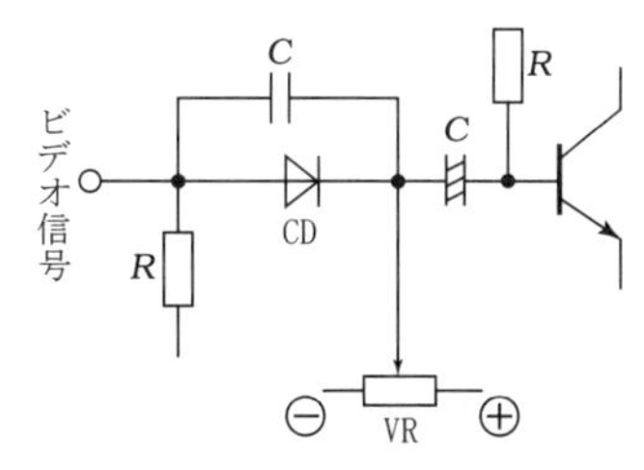

第5.33図　FTC 回路

(3) マーカ回路

モニタ画面において目標までの距離を測定するために、第5.34図のような固定マーカを使用する。これは、映像面に一定間隔で同心円を描かせるもので、このマーカの距離間隔は、各距離レンジごとに決められた値になっているので、これから目標までの距離を知ることができる。

また、距離を精密に測定する場合には、可変マーカを使用する。これは、映像面に一つの円が表示され、マーカつまみを回す又は、ボタンを押すことにより円の半径が変わり、同時にそこまでの距離が表示窓（第5.36図㉗参照）に現れるようになっている。

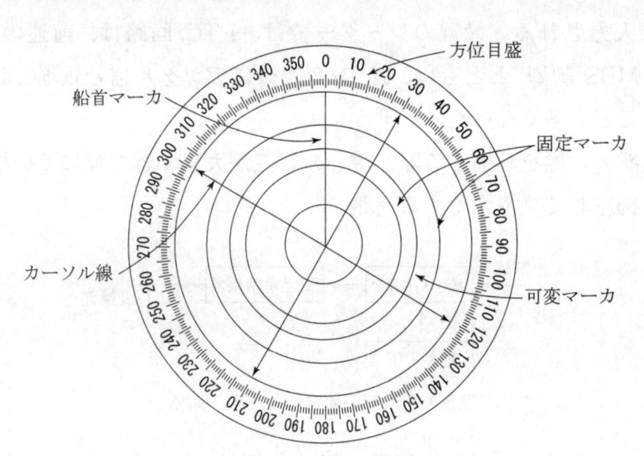

第5.34図　固定マーカと可変マーカ

PPI 表示方式においては、マイクロコンピュータ、画像処理用 LSI 及び専用カスタム LSI など高度な半導体技術を用いてレーダーエコー信号を処理し、レーダー装置の動作モードや状態表示を加え、日中の明るい部屋でもフードの不要な液晶ディスプレイによるテレビと同様の走査線方式（ラスタースキャン）の表示方法を採っており、従来方式のブラウン管の偏向コイルを回転させる、残像時間の長い映像面での PPI 方式は特殊な場合のみとなっている。

画面に表示される動作モード等には、

- 固定距離目盛環（FRM）

  距離レンジにより、目盛リングの数及び間隔が異なるとともに、レーダー機種により相違があるが、一般に数本がある。

- 測定距離範囲（RANGE）

  レーダー機種により異なるが、通常、0.25～96海里を10レンジ表示。

- 可変距離目盛環（VRM）：（第１・第２VRM）
- 方位測定（EBL）

  固定方位目盛、電子カーソル（第１・第２EBL、平行カーソル）

- 船首線表示（SHM）

があり、補助機能として、海面反射抑制（STC）、雨雪反射抑制（FTC）、干渉除去（IR）のほか、表示モードやその他多くの機能表示が行えるようになっている。

スキャンコンバータ（ラスタースキャン方式）の操作パネルの一例を第5.35図に示す。

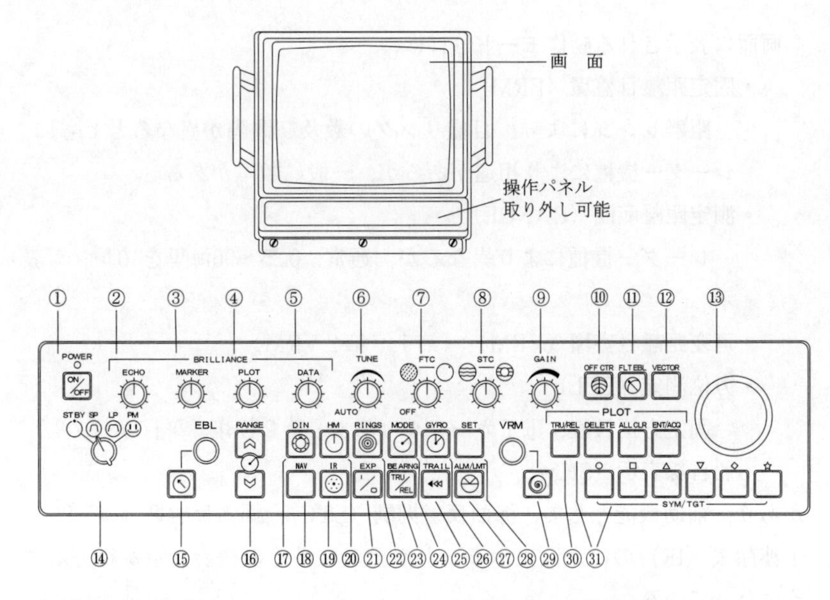

① 電源の ON/OFFスイッチ
② 映像の輝度調整つまみ
③ マーカの輝度調整つまみ
④ 手動プロットの輝度調整つまみ
⑤ モード・レンジ・データ・プロットシンボルなどの輝度調整つまみ
⑥ 同調調整つまみ
⑦ 雨雪反射抑制つまみ
⑧ 海面からの反射抑制つまみ
⑨ 受信感度調整つまみ
⑩ オフセンタ映像表示キー
⑪ 2点間の距離・方位測定キー
⑫ ベクトル時間間隔切替キー
⑬ カーソル(+)移動つまみ
⑭ 送信準備・送信(短パルス)・送信(長パルス)等の切替
⑮ 方位マーカ(EBL)位置の調整
⑯ レンジ(測定距離範囲)の選択
⑰ 操作パネルの輝度切替
⑱ 緯度経度・LOP・速度／針路の表示切替
⑲ 干渉除去機能のON/OFF
⑳ 船首線表示の消去
㉑ 映像拡大機能のON/OFF
㉒ 固定マーカの表示消去切替
㉓ 方位マーカ(EBL)の真方位・相対方位選択
㉔ 映像モードの選択
㉕ 航跡の表示間隔選択
㉖ 船首方位のジャイロコンパスへの方位設定
㉗ 近接警報の接／断、及び S-ARPA CONT CPA 設定
㉘ GYRO ALARM のセット
㉙ 可変距離マーカ(VRM)表示位置調整
㉚ 手動プロットの真方位・相対方位の選択
㉛ 手動プロット、及び S-ARPA の設定消去

第5.35図　レーダー装置（スキャン方式）の操作パネルと各部の機能

5.5　船舶用レーダーの取扱方法

レーダーを最大限に活用し、その性能を最高に発揮させるためには、各種調整器の取扱法を熟知しなければならない。一般の操作に必要な調整器（一次調整器）は、パネル面にある。また、普段は調整する必要のない調整器（二次調整器）は、装置の内部に入っている。ここでは、船舶用大型レーダーの例について、一次調整器の基本的な取扱法を説明する。

通常の操作は、性能を向上させるため、一般に調整つまみ等の種類が多い。したがって、以下、つまみ等の機能を中心に説明する。

大型レーダー

⑴　**操作箇所**

操作箇所を第5.36図に示す。

⑵　**操作箇所の機能**

①　動作スイッチ〔OFF〕－〔STAND BY〕－〔ON〕

㋐　〔OFF〕の位置では、指示器、送受信機、アンテナに電力が供給されず、レーダーは動作しない。

注　〔OFF〕の位置でも、送受信機の入力端子には電圧がかかっているから注意すること。

㋑　〔STAND BY〕の位置では、送受信機にある起動リレー（タイムリレー）が動作し、電源部から指示器、送受信機、アンテナに電力が供給される。この状態では、送受信機の変調回路及びアンテナ駆動モータは動作しないが、それ以外の回路は動作している。

スイッチ投入後しばらくして指示器前面パネルの〔READY（準備）〕ランプ㉖が点灯し、送信準備完了を示す。〔READY〕ランプが点灯した後は、すぐに使用できる。

㋒　〔ON〕の位置で送信が行われ、アンテナが回転して画面に映像が表示される。

注１　〔READY〕ランプが点灯する前に、〔ON〕の位置にしても送信さ

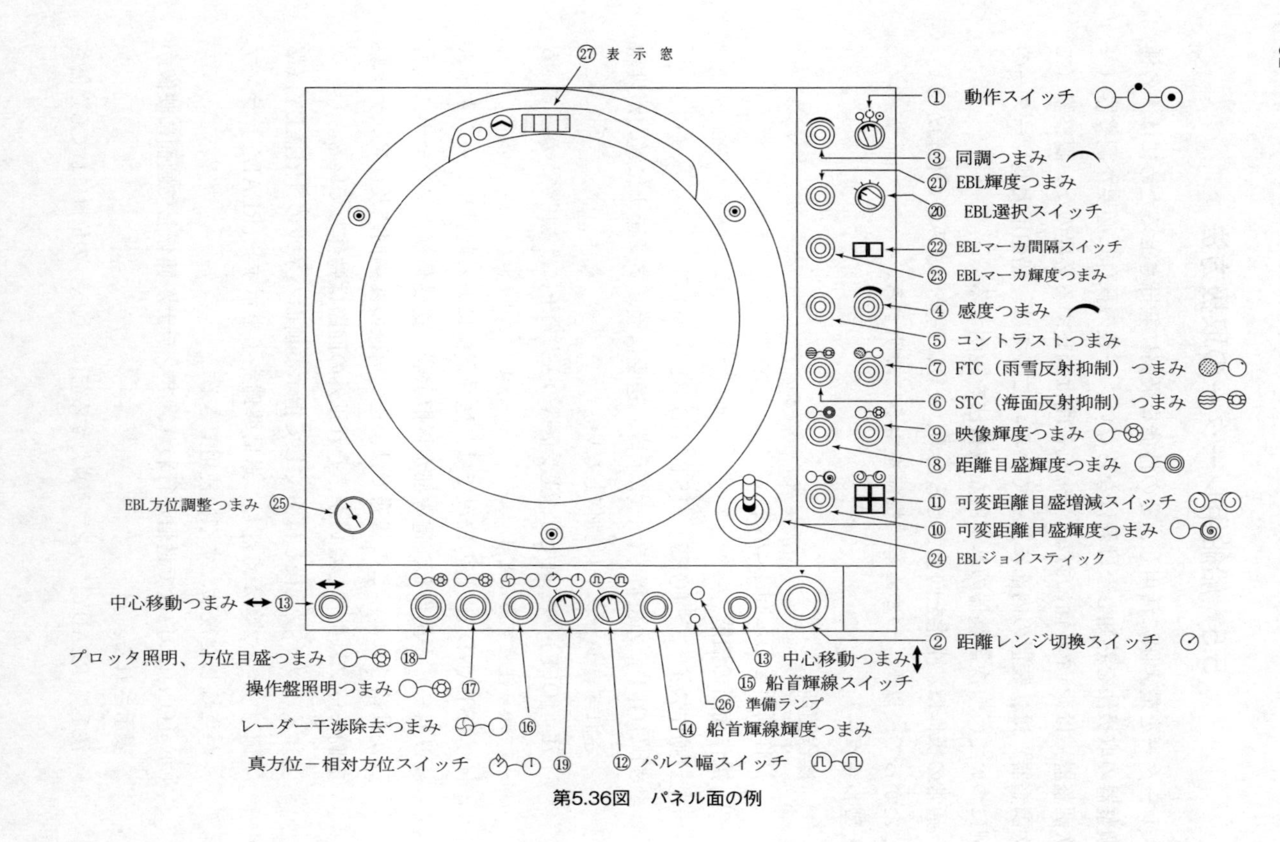

第5.36図　パネル面の例

れず映像も出ない。

2　短時間をおいてレーダー観測を行うときは、通常、スイッチを〔STAND BY〕にしておき、観測するときだけ〔ON〕にすると、装置の寿命を長くできる。

㈤〔STAND BY〕の位置では、表示窓にある〔VRM（可変距離マーカ)〕表示、同調指示は点灯しない。

② RANGE（距離レンジ）切換スイッチ

このスイッチで､画面の測定距離レンジが切り換えられるとともに、パルス繰返し周波数、パルス幅、中間周波増幅器の帯域幅、ビデオ増幅器の帯域幅及び距離目盛も切り換えられる。スイッチを回したときに照明されている数字が、そのときの測定距離レンジである。また、表示窓にも距離レンジと距離目盛が表示される。

0.25 ─ 0.5 ─ 0.75 ─ 1.5 ─ 3 ─ 6 ─ 12 ─ 24 ─ 48 ─ 120

(〔海里〕,nautical mile)

③ TUNING（同調）つまみ

画面の物標が明りょうになるように、このつまみを回す。物標がないときは、表示窓の同調指示の発光ダイオードが一番明るく輝くように回せばよい。この位置が同調のとれた状態である。この調整は、3～120〔海里〕の距離レンジで行うと容易である。

④ GAIN（感度）つまみ

このつまみは、時計方向で受信機の利得が増加し、物標を観測できる範囲が拡大する。使用距離レンジに応じて最良の映像が得られるように調整する。近距離では、利得を少し下げ、遠距離では、少し高めに調整した方がよい。

⑤ コントラスト（CONTRAST）つまみ

このつまみは、映像増幅器出力の電圧を変えることにより、画面の小さい物標等の映像の状態を変えることなく、映像の明暗の比を調整する。〔GAIN（感度)〕つまみ④と併用することにより、最良の映像が得られるように調整する。

⑥ STC（ANTI-CLUTTER SEA：海面反射抑制）つまみ

近距離からの反射波に対して利得を下げ、海面反射を抑制するものであり、海面が静かで、画面の中心付近に海面反射が現れなければ、このつまみは、常に反時計方向一杯に回しておく。つまみを時計方向に回していくと、中心付近の海面反射による明るい部分が次第に消えていくが、このとき、必要な目標を消してしまうほど回し過ぎないように十分注意する。静かな海面で近距離でないと確認できないようなブイ・小舟等の物標は、海面反射の強い場合に海面反射抑制をかけていくと、海面反射と同時に消えてしまうことが多い。

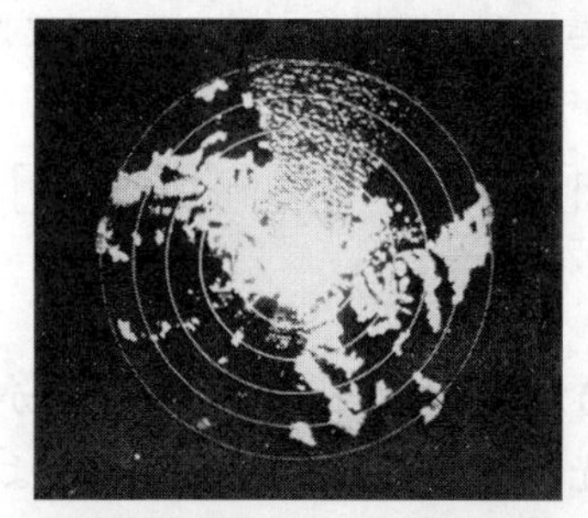

第5.37図　海面反射のある場合の映像

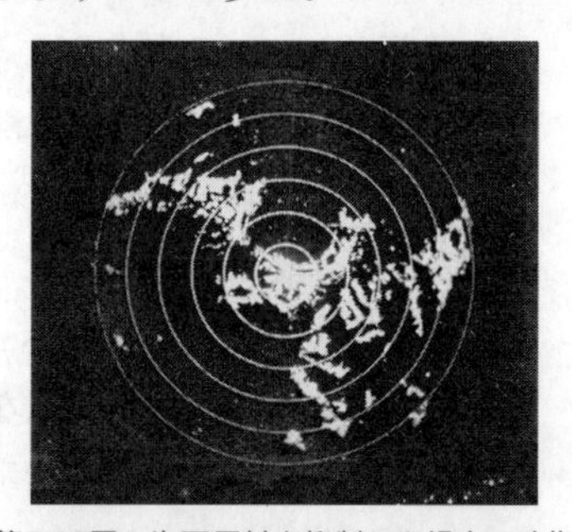

第5.38図　海面反射を抑制した場合の映像

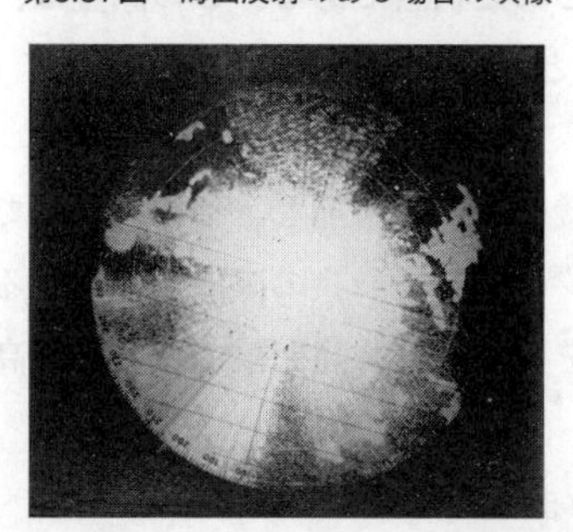

第5.39図　雨雪反射のある場合の映像

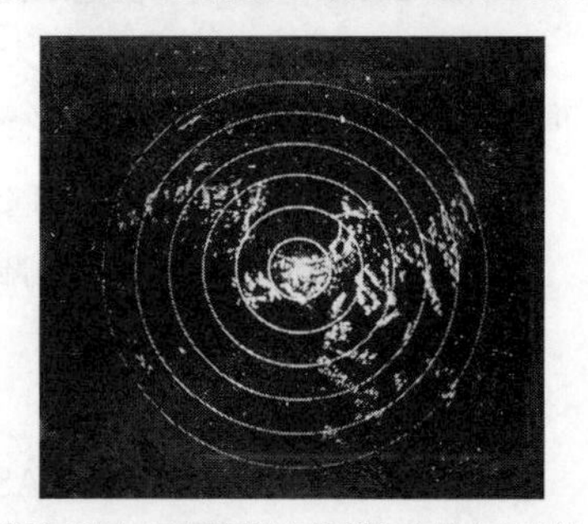

第5.40図　雨雪反射を抑制した場合の映像

⑦ FTC（ANTI-CLUTTER RAIN：雨雪反射抑制）つまみ

雨雪からの反射による画面のじょう乱を抑制する機能であるが、時計方向一杯の状態では、映像の物標の見掛の長さが減少する。余りかけ過ぎると小さな物標を見落とすほか､遠距離の物標が見にくくなり、消えてしまうことがあるので、注意する必要がある。通常は、反時計方向一杯に回しておく。

⑧　RANGE RINGS BRILLIANCE（距離目盛輝度）つまみ

このつまみは、固定距離目盛の輝度を調整するもので、使用距離レンジに応じて距離目盛が最も見やすくなるように調整する。

⑨　SWEEP BRILLIANCE（映像輝度）つまみ

このつまみは、受信映像の明るさを調整するもので、使用距離レンジに応じて最も見やすい状態に調整する。

⑩　VRM BRILLIANCE（可変距離目盛輝度）つまみ

このつまみは、可変距離目盛の輝度を調整するもので、使用距離レンジに応じて可変距離目盛が最も見やすくなるように調整する。

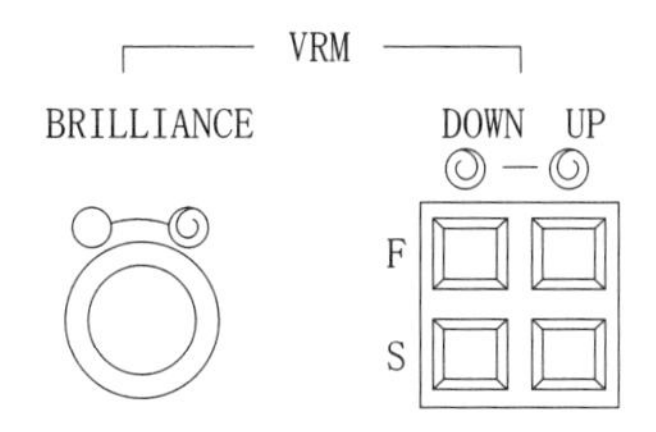

⑪　VRM DOWN－UP（可変距離目盛増減）スイッチ

可変距離目盛を移動させるためのスイッチで、側のスイッチを押すと距離が増し、側のスイッチを押すと距離が減る。その移動の速さは、〔F〕スイッチで速く、〔S〕スイッチで遅い。使用法は、まず〔F〕スイッチを押し､可変距離目盛を目標の映像へ近付け､次に、〔S〕スイッチで映像に合わせる。

可変距離目盛の距離は、表示窓にデジタル表示される。表示は４けたで、距離レンジ 0.25～48〔海里〕までは 0.01〔海里〕間隔で測定可能であり、120〔海里〕は、0.1〔海里〕間隔で測定できる。測定可能距離を超えると00.01又は0.1に戻る。

⑫ PULSE WIDTH（パルス幅）スイッチ ⎍〜⎍

このスイッチは、距離レンジ3～120〔海里〕で動作する。通常は、⎍の位置で使うが、スイッチを⎍にすると、送信パルス幅が広くなる。さらに、距離レンジ3～120〔海里〕でビデオフィルタの帯域幅が切り換わり（狭くなる。）、これによって感度が向上し、独立した小さな物標（ブイ、小舟等）が大きく見やすくなる。

一般に6〔海里〕以上が遠距離レンジ、3〔海里〕以下が近距離レンジでパルス幅が自動的に切り変わる。

⑬ 中心移動（オフセンター）つまみ ↕ ↔

中心（自船位置）をずらして、任意の方向を広範囲に観測したいときに、二つのつまみ（↕…上下方向、↔…左右方向）を回して、それぞれの方向に画面の有効径の約$\frac{2}{3}$の範囲内で中心を移動させることができる。

このとき表示される距離レンジは、次のように拡大される。

測定距離レンジ〔海里〕	拡大される距離〔海里〕	距離目盛数
0.25	0.4	8
0.5	0.8	8
0.75	1.25	5
1.5	2.5	10
3	5.0	10
6	10.0	10
12	20.0	10
24	40.0	10
48	80.0	10
120	120.0	6

⑭ SHM BRILLIANCE（船首輝線輝度）つまみ

自船の進行方向を示す船首輝線の輝度を調整するつまみで、船首輝線が見やすくなるように調整する。時計方向に回すと輝度が増し、反時計方向で輝度が下がるが消えることはない。

⑮　SHM（船首輝線）スイッチ

自船の進行方向を示す船首輝線は、常に表示されているが、このスイッチを押している間だけ消すことができる。これにより、船首方向の小さな物標の確認が容易に行える。スイッチから指を離せば、船首輝線は表示される。

⑯　INTRF REJECT（レーダー干渉除去）つまみ

このつまみは、スイッチ付きであり、他のレーダーの干渉がないときは、〔OFF〕の位置にしておく。レーダー干渉があるときは、このつまみを回してレーダー干渉が最も良く消えるように調整する。

⑰　PANEL（操作盤照明）つまみ

操作盤のつまみ等の名称の照明を調整するつまみで、夜間適当な明るさに照明しておくと便利である。

⑱　PLOTTER DIAL（プロッタ照明及び方位目盛）つまみ

プロッタ照明及び方位目盛の明るさを調整するためのつまみで、プロットしたマーク及び目盛が表示面に見やすく映るように調整すればよい。左一杯にすると、暗くて方位測定ができないので、注意すること。

⑲　NORTH UP－HEAD UP（真方位－相対方位）スイッチ

このスイッチを〔NORTH UP〕にすると、方位目盛の0°が常に真北となり、船首輝線は、自船進路の方位を示すように表示される。自船進路が変わっても、船首輝線の示す方位が変わるだけで、固定物標の方位は変わらない。このとき、測定される物標の方位は真方位である。このときは、真方位装置のスイッチを〔ON〕の位置にしておくこと。

〔HEAD UP〕では、方位目盛の0°が常に船首輝線（自船進路）と一致し、自船進路が変わっても、船首輝線は0°から変わらず、固定物標の方位が変わる。このとき、測定される物標の方位は、自船進路を基準とする相対方位である。

⑳ EBL MODE（EBL（電子カーソル）選択）スイッチ

このスイッチは、EBL（電子カーソル）の使用方法に応じて、次の状態を選択することができる。

〔OFF〕の位置では、EBL は表示されない。

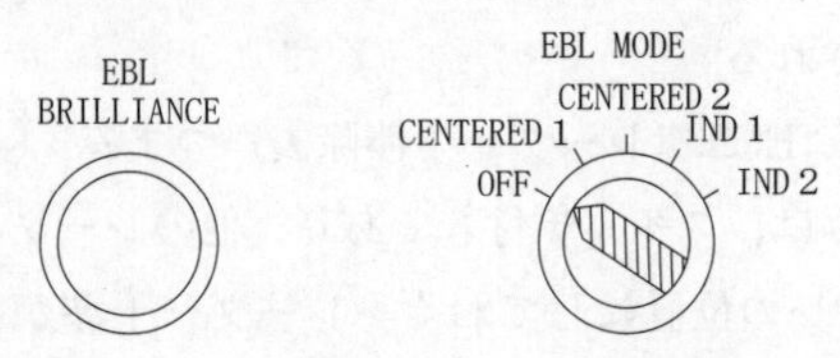

〔CENTERED 1〕の位置では、1本の電子カーソルが表示される。その始点は、常に自船の位置である。物標の方位を測定するとき、EBL 方位調整つまみ㉕で EBL を物標に合わせ、方位目盛から方位を読み取ることができる。（第5.41図(a)参照）

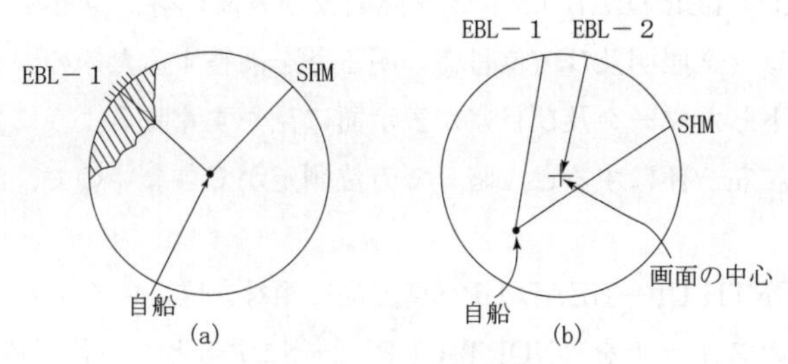

第5.41図　方位読取りの例

〔CENTERED 2〕の位置では、2本の EBL が表示される。その始点は、1本は自船の位置で、他の1本は画面の中心であり、常に平行な電子カーソルとして表示される。オフセンタ時の方位、距離の測定に有効である。（第5.41図(b)参照）

〔CENTER（中心移動）〕つまみ⑬で中心を離心させている場合、〔CENTERED 1〕では、物標の方位の測定は困難であるが、〔CENTERED 2〕では、EBL 方位調整つまみ㉕で物標に合わせた方位を、画面の中心から出ている EBL により読み取ることができる。

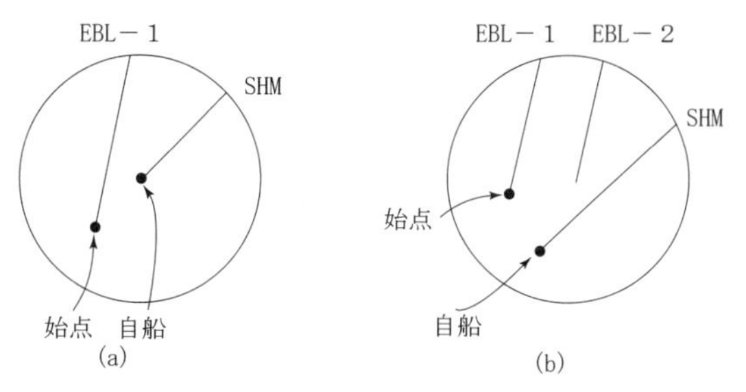

第5.42図　方位情報

〔IND１〕の位置では、１本の EBL が表示される。EBL ジョイスティック㉔で掃引の始点を任意の点に移動させることができ、衝突予防のための情報を容易に得ることができる。(第5.42図(a)参照)

〔IND２〕の位置では、２本の EBL が表示される。掃引の始点は、１本は画面の中心であり、もう１本は EBL ジョイスティックで任意の点に移動させることができる。使用法は、〔IND１〕とほぼ同じであり、そのほか、方位の情報も得ることができる。(第5.42図(b)参照)

㉑　EBL BRILLIANCE（EBL（電子カーソル）輝度）つまみ

EBL の輝度を調整するつまみで、時計方向に回すと輝度が増す。EBL が見やすくなるように調整する。

㉒　EBL MARKER INTERVAL DOWN－UP(EBL マーカ間隔増—減)スイッチ

EBL 上のマーカの間隔を調整するスイッチであり、〔DOWN〕を押していると間隔が狭くなり、〔UP〕を押していると広くなる。衝突予防のための情報を得る際に、必要に応じて使用すると便利である。

㉓　EBL MARKER BRILLIANCE（EBL マーカ輝度）つまみ

EBL のマーカの輝度を調整するつまみで、最も見やすくなるように調整する。

㉔　EBL ORIGIN JOYSTICK（EBLジョイスティック）

〔EBL MODE（電子カーソル選択)〕スイッチ⑳が、〔IND 1〕及び〔IND 2〕の位置にあるとき、このレバーで EBL の始点を任意の位置（有効半径の約$\frac{2}{3}$の範囲）に動かすことができる。

㉕ EBL BEARING（EBL方位調整）つまみ

EBL の方位を調整するつまみである。EBL を使用して物標の方位を測定するときなどに使用する。

㉖ 準備ランプ

㉗ 表示窓

(3) 操作方法（起動－測定－停止）

指示器の前面パネルの操作箇所とその機能を理解した後に、次の手順で操作する。

(A) 起動・測定

(a) 動作スイッチ①を〔STAND BY〕にする。

(b) 準備ランプ㉖が点灯したら、動作スイッチ①を〔ON〕にする。

(c) 距離レンジ切換スイッチ②を遠距離の位置（「48」又は「120」）に合わせる。

(d) 同調つまみ③を左右に回し、物標の映像が最も明りょうになるように調整する。

もし、適当な物標がないときは、表示部の同調指示の発光ダイオードが、最も輝くように調整する。これで起動は完了し、測定が可能となる。

(e) 距離レンジ切換スイッチ②を測定したい位置に合わせる。

(f) 感度つまみ④を物標が明りょうになるように調整する。必要があれば、海面反射抑制⑥及び雨雪反射抑制つまみ⑦も操作する。

(g) 必要に応じて、その他のつまみ等を操作して、物標の距離、方位を測定し、衝突予防の情報を得る。

(B) 停止

動作スイッチ①を〔OFF〕にする。

(4) 測定

レーダーのディスプレイには、自船の位置（正確にはアンテナの位置）を座標の原点として、他の物標の位置を極座標表示した画面が得られる(PPI 表示)。すなわち、中心を自船の位置として周囲を見わたしたような画面で、物標は輝いた映像として表示される。

(A) 距離測定

(a) 自船と物標間の距離測定

物標までの距離測定は、画面で物標の映像を確認し、EBL選択(〔EBL MODE〕）スイッチ⑳を〔CENTERED 1〕にして、電子カーソル（EBL）が物標の上にくるようにEBL方位調整（〔EBL BEARING〕）つまみ㉕を回す。可変距離目盛増減（〔VRM DOWN－UP〕）◎⌒◎スイッチ⑪を押し、EBL 上の可変距離マーカ（VRM）を物標に合わせ、VRM 表示窓の数字を読む。この値が自船から物標までの距離（〔海里〕）である。（第5.43図参照）

EBL を使用しないで距離測定する場合には、可変距離目盛増減(〔VRM DOWN－UP〕) ◎⌒◎スイッチ⑪を押して、VRM を物標に合わせ、VRM 表示窓の表示を読む。固定距離目盛により物標の距離を測定する場合には、物標が内側又は外側の固定距離目盛か

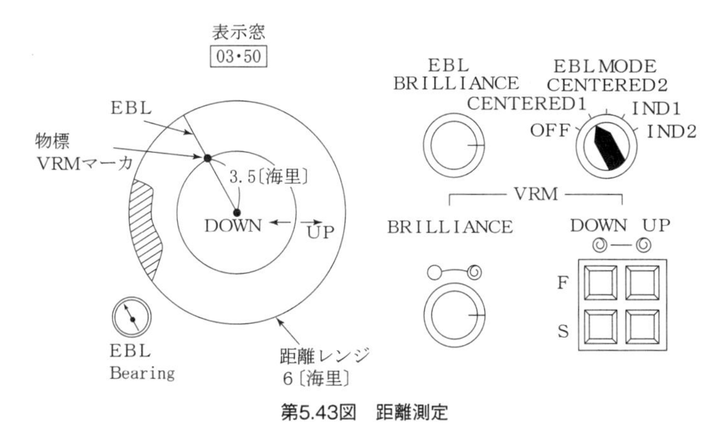

第5.43図　距離測定

ら固定距離目盛間隔との比でどれくらいの所にあるか判断して行う。

(b) 画面の任意の２点間の距離測定

EBL選択（〔EBL MODE〕）スイッチ⑳を〔IND 1〕の位置にする。EBLジョイスティック（〔EBL ORIGIN JOYSTICK〕）㉔を前後左右に動かして、EBL の始点を２点のうちの１点に合わせる。

EBL方位調整（〔EBL BEARING〕）つまみ㉕を回し、EBL を他の１点に乗せる。

可変距離目盛増減（〔VRM DOWN−UP〕）スイッチ⑪を押し、EBL 上に出ている VRM をその点に合わせれば、これらの２点間の距離が VRM 表示窓に表示される。（第5.44図参照）

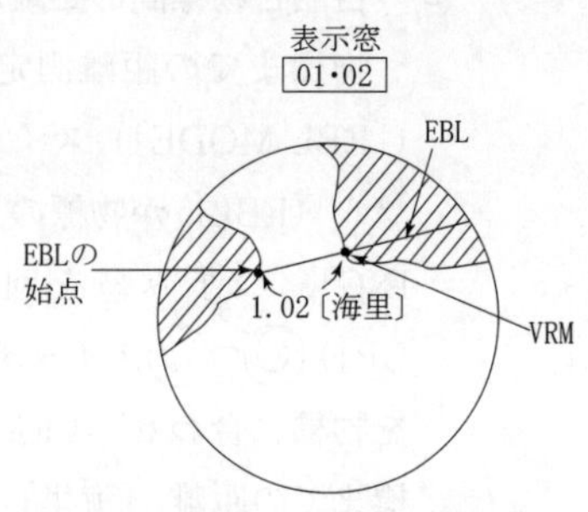

第5.44図 画面上の任意の2点間の距離測定

(B) 方位測定

物標の方位には、相対方位と真方位があり、真方位―相対方位（〔NORTH UP−HEAD UP〕）スイッチ⑲を〔NORTH UP〕又は〔HEAD UP〕に切り換えて測定する。

(a) 相対方位測定

相対方位は、自船の進行方向を０〔度〕として定めた方位で、真方位―相対方位（〔NORTH UP−HEAD UP〕）スイッチ⑲を〔HEAD UP〕に切り換える。PPI 掃引の始点が画面の中心にある場合は、〔EBL MODE〕スイッチを〔CENTERED 1〕にする。

〔EBL BEARING〕つまみ㉕を回して EBL を物標の中心に合わせ、方位目盛から物標の方位を読む。

PPI 掃引の中心が画面の中心にない場合、すなわち、オフセンタしている場合は〔EBL MODE〕スイッチを〔CENTERED 2〕にする。PPI 掃引始点から出ている EBL が物標の中心に合うように、〔EBL BEARING〕つまみを回す。このとき、中心から出ているもう１本の EBL の指示する方位目盛を読む。（第5.45図参照）

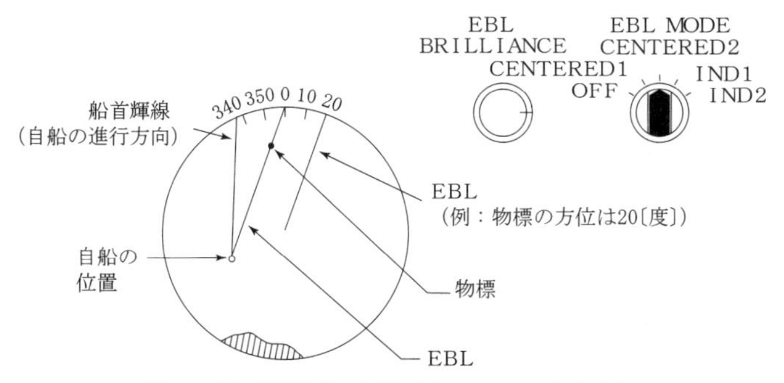

第5.45図　相対方位の測定（オフセンタしたとき）

(b)　真方位測定

真方位は真北を基準とした方位で、指示器の画面上方、すなわち、方位目盛０〔度〕が真北を示す。真方位―相対方位（〔NORTH UP −HEAD UP〕）―スイッチ⑲を〔NORTH UP〕に切り換えた後、相対方位の測定と同様の操作の後、方位目盛を読めば、物標の真方位を測定できる。（第5.46図参照）

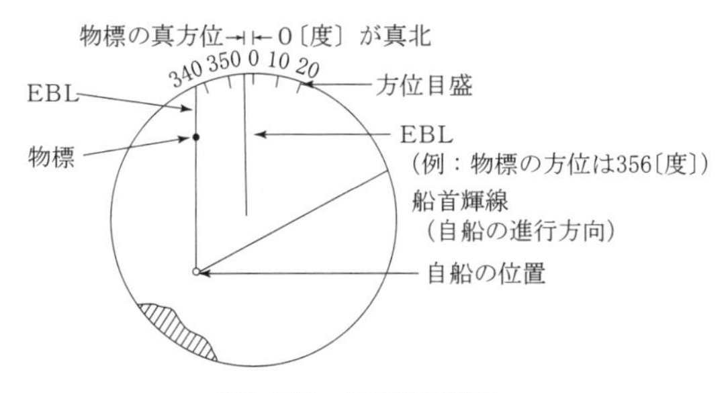

第5.46図　真方位の測定

(C) その他の測定等

前記のほか、次の測定機能等があり、これらについては取扱説明書により操作・測定の方法を十分習得しておく必要がある。

(a) CPA（最接近点）及び TCPA（CPA までの時間）

接近する他船の自船に対する相対進路を求めたり、その CPA（Closest Point of Approach）及び TCPA（Time to CPA）を求めることができ、EBL 及び EBL マーカを使用することによって、これらの衝突予防の情報を求めることができる。

(b) 接近する他船のコースと速度の測定

接近する他船の真のコース（TRUE COURSE）と真の速度（TRUE SPEED）を知ることができる。

(c) 衝突防止のための新しいコース又は速度の決定

レーダーによる観測において、近付いてくる物標が常に同一方位にあるということは、そのコースではその物標に衝突することを意味している。したがって、(a)で求めた CPA が危険な値なら直ちにコース又は速度の変更をしなければならない。

(d) コースと速度の補正

船が霧中、潮流の中を航行するときや風の影響の著しいとき、不案内の海岸付近の海域でコースと速度を補正する必要が生じる。

また、レーダーを有効に使用するため、各種の付加装置がある。

5.6 映像の見方

普通の状態では、スコープ上に海図にほぼ近い映像が得られる。しかし、ある条件の下では種々の偽像を生じたり、あるいは、雨や雪又は波浪によって小さい目標が隠れることがあるから、レーダーの画面に現れる物標やその他の映像を正しく判断するためには、相当の経験が必要である。できるだけ実際に見える地物、地形とレーダーの映像とを比較して、よく研究する必要がある。

5.6.1 誤認しやすいレーダー映像

⑴ 海面反射

波立っている海面では、画面の中心（自船）付近に明るい広がった映像が現れる。この状態は、波浪の高いときほど顕著に現れ、風向きによって映像の出方も変化する。また、潮流のうずが海岸線に似たなめらかな線として現れることがある。しかし、海面反射抑制（STC）を適当に調整することによって、これを消すことができる。

それでも、小型漁船が密集する海域では、海面反射と小型漁船とが判然としない場合が多い。

⑵ 航跡

自船や他船の航跡が線状にはっきり現れる場合がある。トレール機能（航跡を表示する機能）がついているレーダーは、物標が移動するにしたがい輝度が下がる。残像効果を出すことにより動きを把握できる。

⑶ 雨

雨の反射像のうち、スコール性の雨は時々はっきりした境界のある映像となり、島や陸地の反射に似た現れ方をする場合がある。雨は数分間見ているうちに、形を変えていくから、陸地と区別がつく。一般に雨の場合は、境界線のはっきりしない煙状になって、ぼやっと現れるのが普通である。

また、雨の中を電波が通り抜けていくとき減衰を受けるため、通常現れる陸地の映像が雨のために出ない場合があるから、注意する必要がある。雨の下の映像は３GHz 帯のレーダーの方が９GHz 帯のレーダーに比べて雨の減衰が少ないぶん見やすい。

⑷ 雪

雪の場合には雨ほど顕著に反射像は現れないが、中心付近に放射状にぼやけた映像が現れる場合がある。

⑸ 影

アンテナの設置位置によっては、近くにある煙突やマスト等により電波が反射し、その方向にある物標が映像として現れないことがある。この現象があるかないかは、海面反射を見てその映像に薄いところか、あるいは出ないところがあるかどうかを調べればよい。もし、このような影ができるときは、その方向が一定しているので、その方向をよく把握しておけばよい。

(6) 送電線

送電線は、その角度によって反射することがある。ちょうど日光が当たった電線が、ある部分で光って見えるのと同様、線としてつながって現れないで点として現れる。このため、送電線が前方にあるときは、伝馬船のような映像となり惑わされる。

船が送電線に近付くにつれて、その映像は、船首の方へ近付いてくる漁船のように見えるが、船が送電線の真下にくると送電線の反射像は消える。

(7) なだらかな傾斜の海岸線

海岸線は地形で左右され、第5.47図のように、海岸線が非常になだらかな傾斜のときには、内陸の市街地や山などが映像として現れるので、海岸線までの距離の測定には注意を要する。

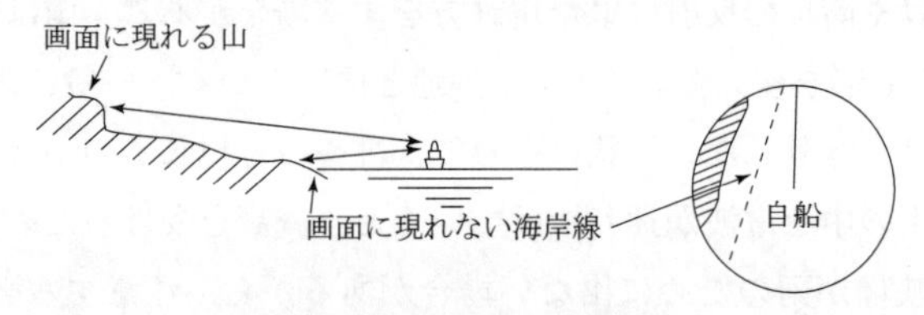

第5.47図　海岸線の映像例

(8) 背面区域

第5.48図のように、高い陸地の背後は映像として現れないので、海岸に高い山があるところでは、奥行のない海岸線しか現れない。同様に、砂浜で松林のある

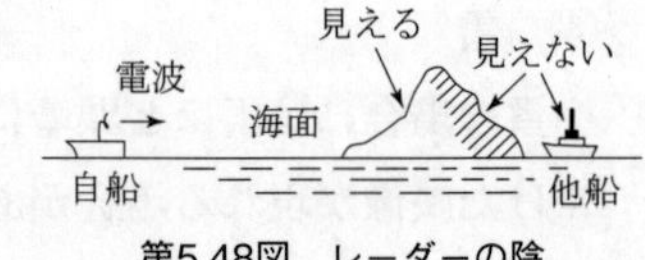

第5.48図　レーダーの陰

ときも松林の線だけ現れてその奥の陸地は現れない。しかし、このような場合は、海岸線の形から場所の見当がつくが、半島の先端に高い山がある場合には、その岬は島のように見えるし、細長いはずの島も見る方向によっては小さい島に見える。さらに島の多い内海に入ったときは、本土は島と島との間にしか現れないので、島と同じように切り離された映像となってどれが島か本土か見当がつきにくい場合もある。

また、船舶は少し拡大されて小さな塊のような形で現れ、浮標類もまた実際よりも大きく現れるが、この像は時々消えるから(波間に隠れるから)、多くの場合浮標であることが分かる。

(9)　位置変化の速いもの

位置変化の速いものは、その変化の程度によって残像がつながって線状になるか、又は飛石のような点々となって現れる。モーターボートのようなものはその航跡と共に線状の映像となるが、飛行機は飛石のように現れる。

5.6.2　偽像

実際には物標が存在しないのに、指示器上に物標があるように現れる映像を偽像という。これには次のようなものがあるので、その性質をよく理解して惑わされないように注意する必要がある。

(1)　サイドローブによる偽像

主ローブの方向以外に放射されるサイドローブによって偽像を生じることがある。

いま、第5.49図(a)のように、主ローブを他船 A に向けている場合、主ローブによるエコーは、図(b)のスコープ上 A′ 線上に実像を生じる。アンテナが矢印の方向に回るとすれば、次には B のサイドローブが他船 A に当たり、そのエコーがスコープ上に現れ、図(b)の B′ 線上に偽像を生じる。更に掃引が進み、C のサイドローブが A に向いたとき、そのエコーによる映像がスコープ C′ 線上に偽像として現れる。

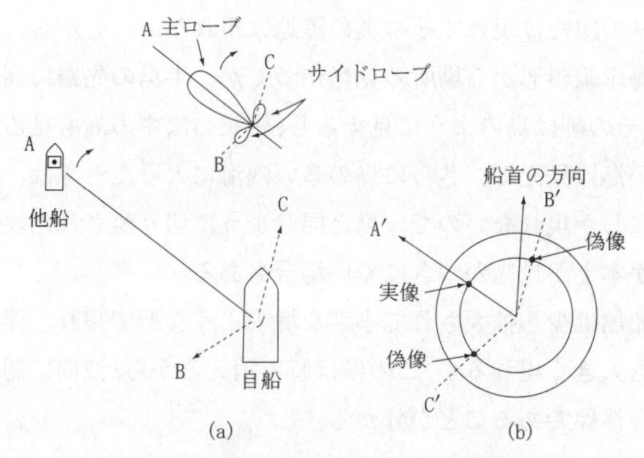

第5.49図　サイドローブによる偽像

この偽像は、実像に対し、直角に近い方向に対称に現れるのが特徴であり、偽像の距離は実像と同じである。ときには、サイドローブによる偽像は不連続の円弧状に同じ距離に現れることもある。第5.50図のように、Aは実像、DとEは、サイドローブによる偽像である。

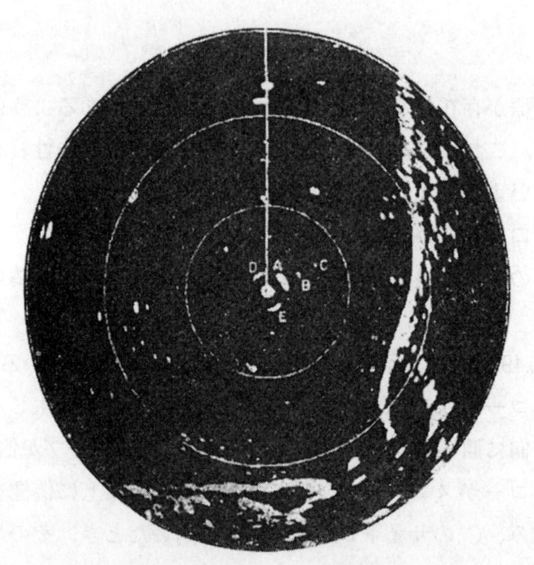

第5.50図　サイドローブと多重反射による偽像

サイドローブのレベルは非常に低いため、遠距離の物標からの反射はなく、至近距離の物標や近距離の強い反射の物標についてのみ、サイドローブによる偽像を生じる。倉庫などがその面を自船に向けているときや、他船が自船に横腹を見せているときで、距離が比較的近いときだけ現れる。受信機の感度を少し下げれば、偽像は消える。

⑵　多重反射による偽像

第5.51図のように、大型船が至近距離にあって、ちょうど船腹が自船と平行であるような場合に、電波が自船と大型船間を何回か往復することにより起こる偽像を多重反射による偽像という。

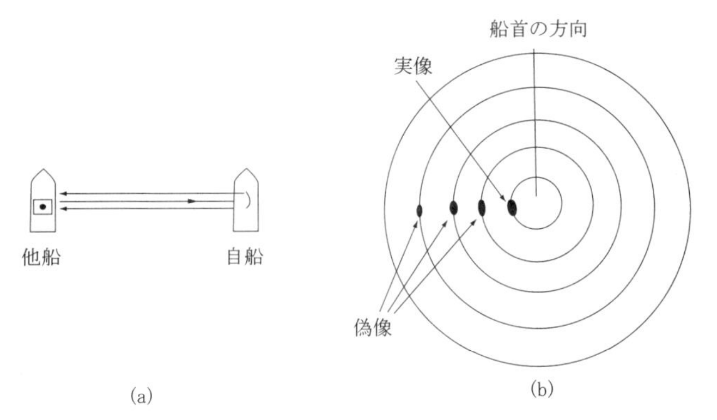

第5.51図　多重反射による偽像

これは、近くに橋りょう、ふ頭、防波堤及び大きな垂直面をもっている建造物がある場合にも起こる。偽像の方向は実像の方向と同じで、距離は等間隔で次第に弱くなって現れるのが特徴である。第5.50図においては、Ａは実像、ＢとＣは多重反射による偽像である。

⑶　鏡現象による偽像

例えば、船が港に入るときに、第5.52図のように前方に橋があり、側方には、電波を反射するふ頭の壁がある場合には、レーダーから発射される電波は、ふ頭の壁で反射され、図(b)のように、スコープ上に橋の偽像を生じる。このような偽像を鏡現象による偽像という。

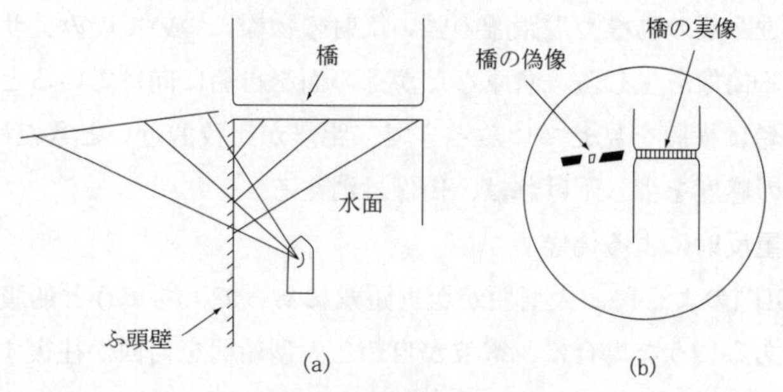

第5.52図　鏡現象による偽像

(4)　二次反射による偽像

第5.53図のように、近距離にある物標から直接反射してきたものと、マストや煙突などで二次的に反射したものと、二つの像が現れることがある。

それを二次反射による偽像といい、マストや煙突の方向に実像とほぼ等しい距離に現れる。

また、港内のふ頭などでは、建造物などの二次反射による偽像を生じることもある。

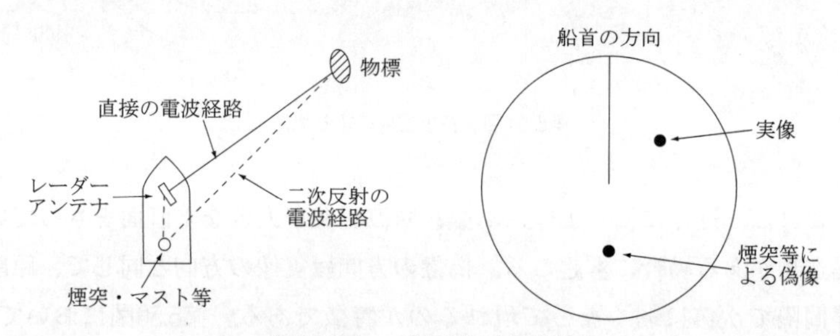

第5.53図　二次反射による偽像

(5)　遠距離効果による偽像

気象状況により海上にラジオダクトが発生すると、電波は異常伝搬し、非常に遠距離にある物標が探知されることがある。これからのエコーが次の発射パルスのための掃引中に到来して、誤った表示を与えることがある。

これを遠距離効果（セカンドトレースエコー）という。

5.6.3　レーダー干渉

同一周波数帯を使用している他のレーダーが近くにあると、レーダー干渉像が画面に現れる。この干渉像は、第5.54図のようにいろいろな現れ方をする。

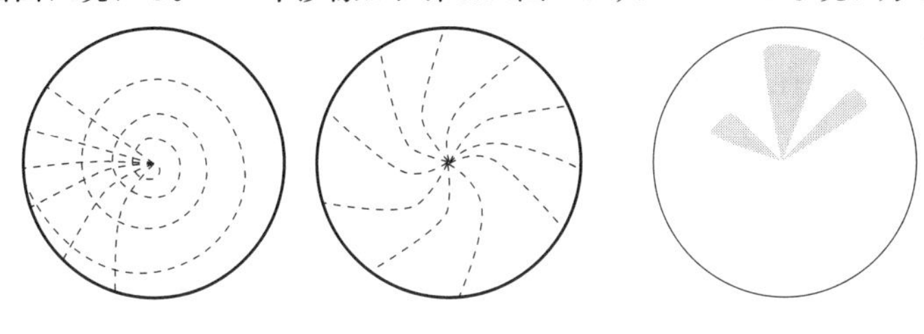

(a)　遠距離レンジ　　(b)　近距離レンジ

第5.54図　レーダー干渉

この斑点は常に同じところには現れないので、物標の映像と識別はできる。この現れ方は、距離レンジによって異なり、近距離レンジになるほど放射状の直線又は点線状になる。したがって、近距離レンジでは、船首輝線と見誤ることがあるので、注意すること。

5.7　捜索救助用レーダートランスポンダ

捜索救助用レーダートランスポンダ（SART：Search and Rescue Radar Transponder）は、GMDSS（海上における遭難及び安全に関する世界的な制度）において、船舶が遭難した場合、生存者の発見のために備え付けることになっている。SART は 10〔海里〕の距離にある高さ 15〔m〕のアンテナを有する船舶レーダー及び 30〔海里〕以上の距離において 10〔kW〕の尖頭電力の航空機レーダーによって 3,000〔フィート〕の高さから質問を受けたとき正しく動作するものとなっている。

第5.55図(a)は、SART の例で、等価等方輻射電力は 400〔mW〕である。

使用方法は、本体とロッドマウントをブラケットから外し、本体を上下逆さまにロッドマウントに取り付け、ロッドを伸ばして、取付け例(b)のように船のハンドレールに固定したり、(c)のように救命艇の上部に設置する。

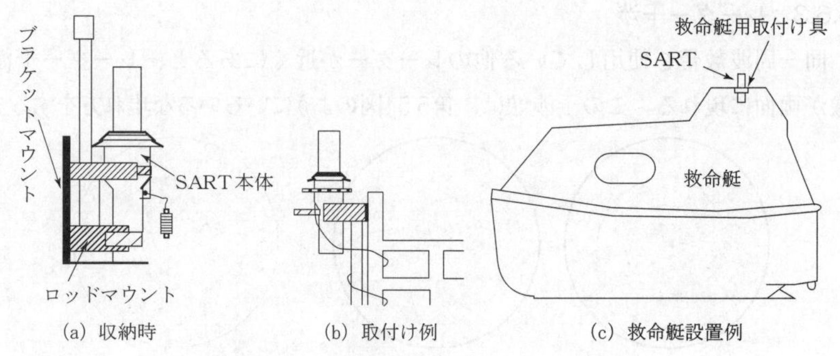

第5.55図　捜索救助用レーダートランスポンダ

発射電波は 9.2～9.5〔GHz〕を12回繰り返して掃引する。これにより、救助船のレーダースコープ上に第5.56図のように12の輝点列となって現れ、その最も自船に近い点が SART の位置（実際は若干手前）を示すことになる。

救助船などからのレーダー電波を受信した時、SART のスピーカから「ピッ」という短音が発せられ、救助船が近付くにしたがって連続音となり、

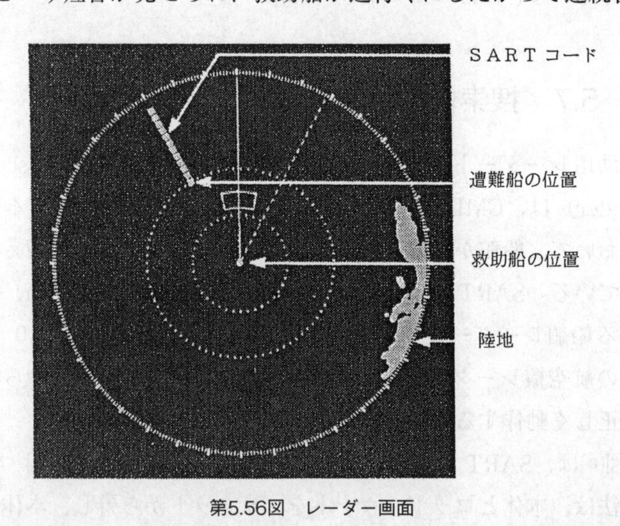

第5.56図　レーダー画面

救助船が近付いたことを遭難船に知らせることができるようになっている。また、機種によっては、SART の底面にある LED の点滅により捜索船などの接近を知ることができる。

SART の平均的な有効通達距離は、船舶用レーダーを対象とした場合約10海里、捜索用航空機レーダーを対象とした場合約30海里というデータがある。

この設備の運用に当たっては、次の注意が必要である。

① 自船のレーダーのスイッチは可能な限り切ること。

② SART を傾斜して設置した場合は、受信感度が低下することがあるので、周囲の見通しが良く、なるべく高い場所に海面に対して垂直に取り付けること。

③ 遭難時と点検時以外は使用しないこと。

④ 誤発射しないこと。誤発射した時は、直ちに海上保安庁に誤発射である旨を通知する。

⑤ SART の持出しの妨げになる物が周囲に置かれていないこと。

第６章　電源

6.1　電源の種類

無線機器を動作させるには電源が必要である。この電源は、電圧ができるだけ安定であることが望まれるので必要により定電圧回路などを組み込んで安定化して供給する。

地上に設置される送信機や受信機などは、一般に商用電源が使用されているが、航空機、船舶、自動車などの移動体では商用電源を利用できないので、エンジンにより直流発電機又は交流発電機を駆動して得られる直流又は交流電源が用いられる。

しかし、エンジンが起動していないときには電源が得られないので、電池を併用しているのが普通であり、高い電圧を必要とする場合は、後述するコンバータ又はインバータを用いて所要の電圧を得ている。

6.2　電池

一般に蓄えられた化学的エネルギーを電気的エネルギーとして取り出すことができる電源装置を**電池**という。電池は一次電池と二次電池に区別され、携帯用ラジオや懐中電灯などで使用される**乾電池**のように電気的エネルギーを消費してしまうと以後は使用できなくなってしまう電池が**一次電池**である。これに対して電気的エネルギーを蓄えたり、消費したりすることを繰り返しできる電池を**二次電池**又は**蓄電池**といっている。

蓄電池にもいくつかの種類があるが、基本的には、いずれも電解液の中に異なった２種類の金属を入れて、電解液と金属の間に生じる化学変化によって電気を起こすものであり、**鉛蓄電池**が広く使用されている。

また、最近の無線機の小型軽量化に対応し高性能電池の開発が進み、エネ

メ モ

ルギー密度の高いニッケル水素蓄電池やリチウムイオン二次電池が普及してきている。

6.2.1　鉛蓄電池

(1)　構造と容量

鉛蓄電池は第6.1図に示すように、電解液（希硫酸）に浸したプラス電極（二酸化鉛）とマイナス電極（鉛）及び両電極板を隔離する隔離板（セパレータ）で構成されている。

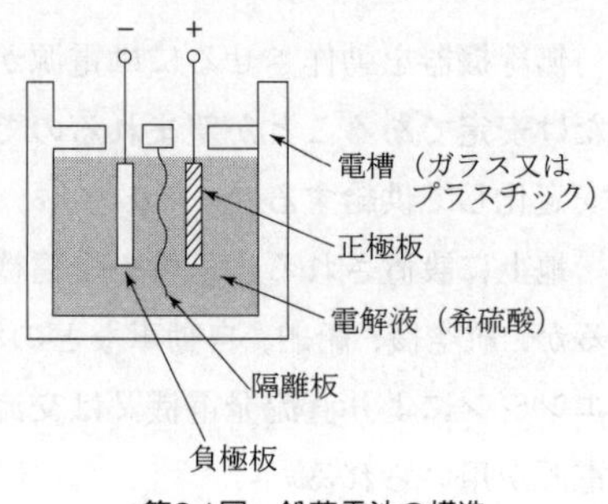

第6.1図　鉛蓄電池の構造

この鉛蓄電池の両極板に、第6.2図(b)に示すように所要の直流電圧を加えて電流を流すと、両極板は、化学変化を起こして電気的エネルギーが蓄えられる。このように、蓄電池に電気的エネルギーを蓄えることを充電といい、充電された蓄電池から負荷に電力を供給することを放電という。

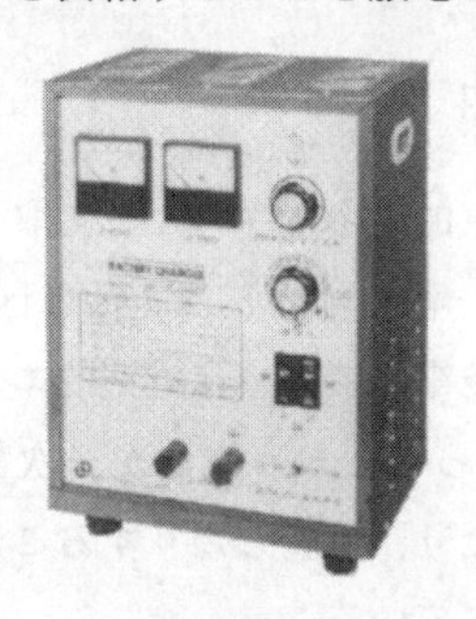
(a) 充電器

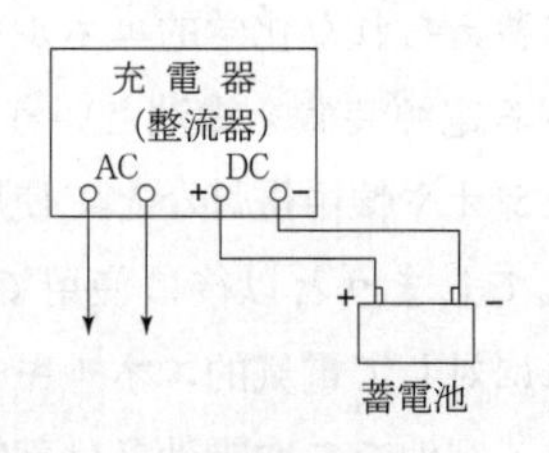

(b) 充電方法

第6.2図　蓄電池の充電

また、蓄電池が放電のときに出し得る電気量を容量といい、時間率で表される。例えば、10時間率100〔Ah〕（アンペア時）の蓄電池といえば、連続して10〔時間〕、10〔A〕の電流で放電できる蓄電池である。

このように蓄電池は、特に明示がなければ、〔Ah〕で表された容量を10〔時間〕で割れば負荷電流が求められる。

⑵　充放電時の蓄電池の状態

十分に充電された鉛蓄電池は、1個当たり約2〔V〕の公称電圧であるが、これを使用して負荷に電源を供給すると両極板間に蓄えられていた電気的エネルギーが消費されて端子電圧は次第に低下し、約1.8〔V〕になるとそれ以降は急激に低下する。この電圧を**放電終止電圧**といい、放電を中止して充電を行わなければならない。

逆に、蓄電池に所要の直流電圧を加えて充電すると、1個当たりの電圧は徐々に上昇して、2.4～2.8〔V〕程度まで上がり、その後は上昇しない。一方、電解液の比重も放電終止電圧のときの1.12くらいから充電によって徐々に上昇し、充電終了時には1.24～1.28くらいまで増加する。また、充電終了時にはガスが盛んに発生し、極板からの気泡で電解液は白く濁り、プラス電極はチョコレート色、マイナス電極は青灰色になる。このような状態になれば、充電は完了である。

最近では、メンテナンスフリーの密閉形鉛蓄電池（シール鉛蓄電池）が開発され、電解液の比重管理や補充の煩わしさから解放されてきている。

⑶　蓄電池の接続方法

電池の接続には直列接続と並列接続がある。高い電圧を必要とするときは、第6.3図のように、隣の電池の逆の極性（＋、－）の端子と接続すればよい。このような接続方法は**直列接続**といい、この場合の**合成電圧**は、各電池の電圧の和に等しい。

例えば、1個6〔V〕、30〔Ah〕の電池を3個直列に接続すると、合成

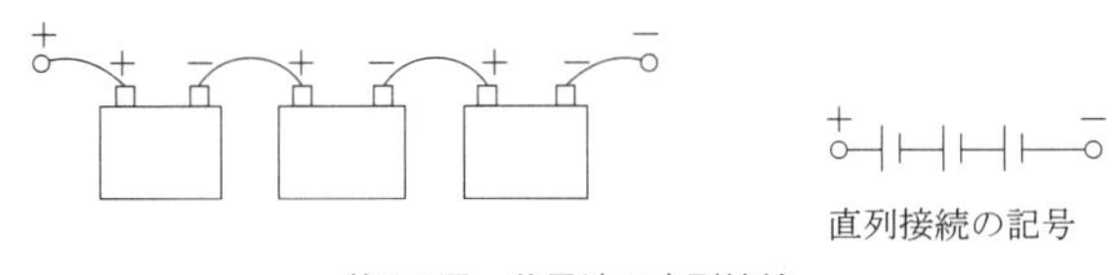

第6.3図　蓄電池の直列接続

電圧は 6+6+6=18〔V〕となるが、合成容量は 30〔Ah〕で変わらない。

直列接続の場合は、なるべく同じ種類、容量の電池を接続する。

一方、大きな電流を必要とするときは、第6.4図のように、それぞれの電池の同じ極性の端子どうしを接続すればよい。このような接続方法を並列接続といい、合成容量は各電池の容量の和に等しい。

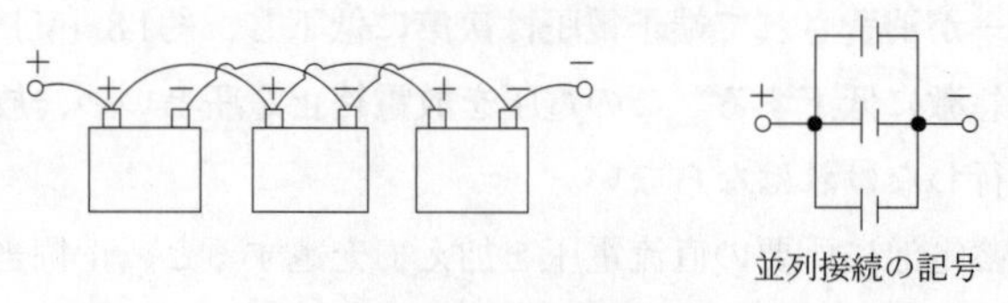

第6.4図　蓄電池の並列接続

例えば、1個6〔V〕、30〔Ah〕の電池を3個並列に接続すると、合成電圧は6〔V〕で変わらないが、合成容量は 30+30+30=90〔Ah〕となる。

この並列接続の場合は、異なる電圧の電池を接続してはならない。

(4)　蓄電池の浮動充電

第6.5図に示すように直流発電機又は整流器の出力側（蓄電池の定格電圧より少し高い電圧に設定）に、蓄電池と負荷を並列に接続し、蓄電池の放電を補う程度に充電しながら負荷に電力を供給する方法を浮動充電又はフローティングという。

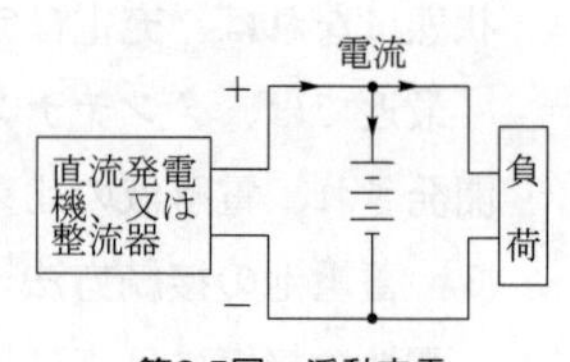

第6.5図　浮動充電

この方法は、蓄電池の寿命が長くなり、負荷への供給電圧の変動が少なく、負荷電流が一時的に大きくなったときは蓄電池からも電力が供給される。

(5)　取扱上の注意

鉛蓄電池は、次のことに注意して使用する必要がある。

①　放電後は直ちに充電すること。

②　全く使用しないときでも、1箇月に1回程度は充電すること。

③　規定電流以上又は放電終止電圧以下で使用しないこと（いいかえれ

ば、過放電しないこと。)。

④　メンテナンスフリーでない場合は、極板が露出しないように電解液の液面に注意し、蒸留水を使用して電解液の比重が適正（普通、規定電圧のとき、20〔℃〕前後において1.22）であるように調整すること。

⑤　直射日光の当たる場所に放置しないこと。

⑥　充電は規定電流で規定時間行うこと。

また、浮動充電する場合は

①　充電電圧を常に規定値に保つこと。

②　３～６箇月に１回ぐらいは適宜、均等充電すること。

③　放電したときは、充電完了の状態に回復させること。

6.2.2　ニッケル水素蓄電池

ニッケル水素蓄電池は、プラス電極にニッケル酸化物、マイナス電極に水素吸蔵合金、電解液に水酸化カリウムを用いた蓄電池である。１ユニット当たりの電圧は1.2〔V〕、充電開始時の電圧は約1.3〔V〕、充電終了時の電圧は約1.58〔V〕である。形状は角形、円筒形及びボタン形等がある。この蓄電池もニッケルカドミウム蓄電池と同様、自己放電が大きいのが欠点である。

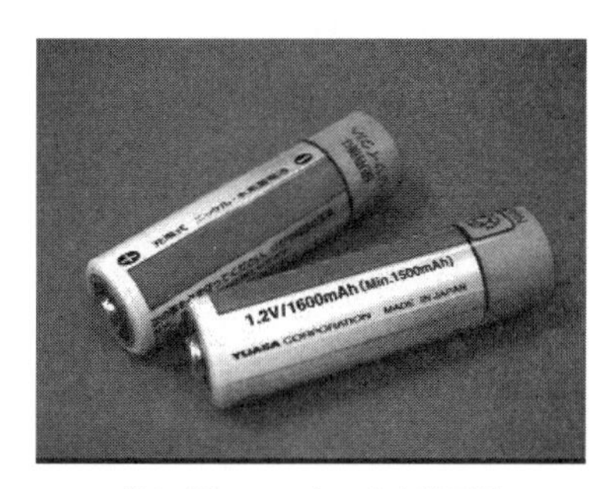

第6.6図　ニッケル水素蓄電池

6.2.3　リチウムイオン二次電池

最もエネルギー密度の高い蓄電池で携帯電話の電源、ノートパソコン、船舶の双方向無線電話の電源として用いられている。形状は角形及び円筒形があるが、厚みに制限を受ける小型電子機器では角形の電池が用いられている。プラス電極にコバルト酸リチウム等リチウム遷移金属酸化物、マイナス電極に炭素、電解液はリチウム塩が溶質として溶解されたものを用いている。ニッケルカドミウム蓄電池やニッケル水素蓄電池に比べて容量保存性能が優れている。1ユニット当たりの電圧は3.7〔V〕、設定電圧（充電上限電圧）は約4.1〔V〕である。

この電池はリチウム塩による金属の腐食性が強いため、電池の発火、発熱、破裂の原因となるので、取扱いには次の注意が必要である。

○電池の短絡を防ぐこと。
○電池の分解や容器の変形、改造をさせないこと。
○火中投入や異常な高温加熱をしないこと。
○直接ハンダ付けをしないこと。
○水中投入や水ぬれを防ぐこと。
○逆接続をしないこと。
○規定以上の大電流で充放電しないこと。
○過充電・過放電をしないこと。
○電池の混合使用をしないこと。
○密閉容器内で使用しないこと。

第6.7図　リチウムイオン二次電池

6.3 整流器

交流を電源とする場合は、交流を直流に変える回路が必要で、一般に半導体を用いた整流回路が使用される。

6.3.1 整流回路

半導体のダイオードは、順方向の電流は流すが、逆方向の電流は流さない整流特性をもっているので、ダイオードを用いて整流回路を作ることができる。第6.8図は半波整流、第6.9図は全波整流の回路であり、いずれの

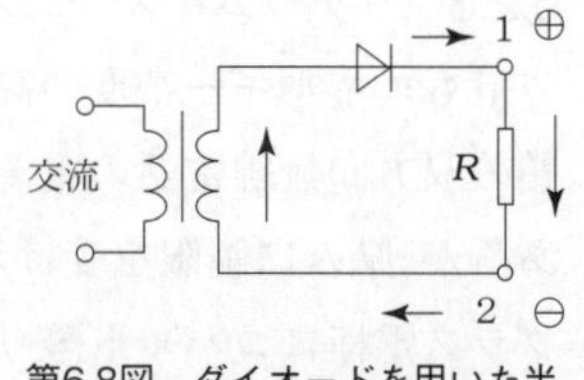

第6.8図　ダイオードを用いた半波整流回路

場合も矢印で示すように電流が流れるので、負荷抵抗 R に流れる電流は一方向のみで、端子1が⊕、端子2が⊖となり、整流作用が行われる。

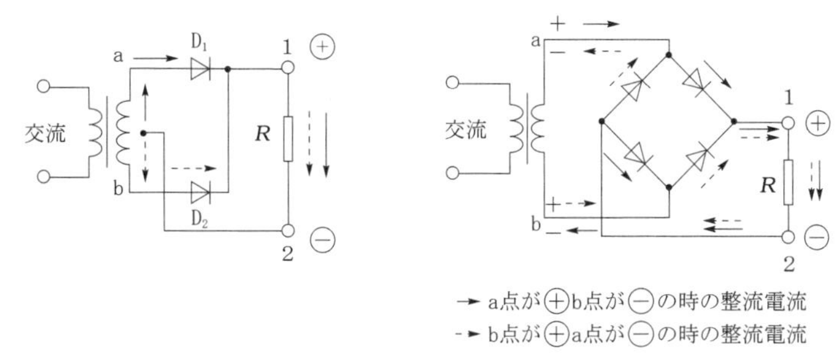

第6.9図　ダイオードを用いた全波整流回路

6.3.2　平滑回路

半波整流又は全波整流回路で得られる出力電流は、一方向にしか流れないが、交流成分が残留した脈流であり、この状態で送受信機を動作させることは好ましくない。

そこで、第6.10図(a)のように、低周波チョークコイル CH（抵抗でもよい。）とコンデンサ C_1、C_2 を組み合わせた回路を用いれば、流れる電流の波形を平滑にして図(b)に示すようなほぼ完全な直流を得ることができる。このような目的で挿入される回路を平滑回路という。

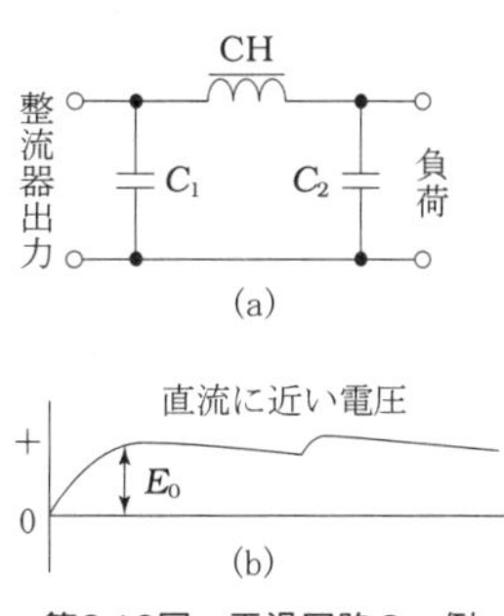

第6.10図　平滑回路の一例

6.4　コンバータ及びインバータ

6.4.1　コンバータ

コンバータは、低圧の直流電源で、トランジスタを使用して交流を作り、その交流電圧を変圧器によって昇圧した後、整流回路で整流して高い電圧の直流を取り出す電源装置で、交流電源が供給できない船舶等の無線装置や移動通信装置の電源として使用されている。

6.4.2　インバータ

インバータは、直流電源で、トランジスタを使用して所要の周波数（例えば、50〔Hz〕、60〔Hz〕）の断続波を作り、これを変圧器によって昇圧（又は降圧）して所要の交流電圧とするものである。

6.5　定電圧回路、ヒューズ及びブレーカ

6.5.1　定電圧回路

電源電圧の変動は無線機器の特性に大きな影響を与えるので、必要に応じて整流回路と負荷との間に電圧を安定化するための定電圧回路を挿入する。

第6.11図は、流れる電流に関係なく電極間の電圧を一定に保つツェナーダイオード（定電圧ダイオード）の特性を利用した定電圧回路である。

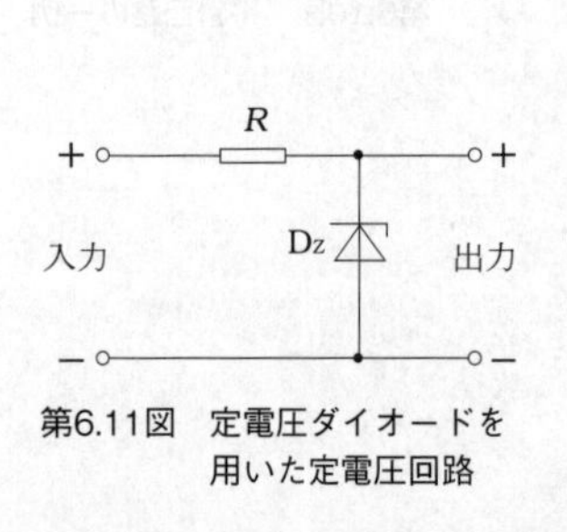

第6.11図　定電圧ダイオードを用いた定電圧回路

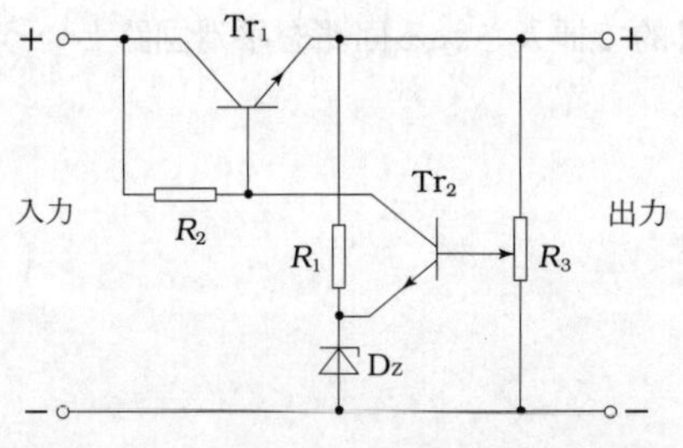

第6.12図　トランジスタを用いた定電圧回路

また、第6.12図に示すように、トランジスタを用いたより大きい電流用の定電圧回路もある。この回路では、出力電圧の変動が R_3 に流れる電流の変化となり、これが Tr_2 のベース電流を制御し、それによって Tr_1 のコレクター－エミッタ間の電圧降下を調整し、出力電圧を一定に保つ。Dz は基準電圧発生用の定電圧ダイオードである。

6.5.2　ヒューズ及びブレーカ

⑴　ヒューズ

回路に過大な電流が流れた場合に、溶断することにより回路を切って機器を保護するために、電源と無線機との間に挿入する可溶性の導体がヒューズである。溶断する電流値には多くの規格があり、ヒューズは目的に合った電流値のものでなければならない。

例えば、機器が正常に動作している場合、電流が 2.5〔A〕の電源に使用するヒューズは、この値を多少上回る 3〔A〕のヒューズを使用する。

⑵　ブレーカ

溶断すると新品への交換を要するヒューズの不便を避けるため、代わりにブレーカが用いられている。これはスイッチと自動遮断器を兼ねるもので、バイメタル又は電磁コイルに負荷電流を通し、過電流によって自動遮断するような構造となっている。

第７章　点検及び保守

無線局の運用を効率よく行い、かつ、正常な状態を維持するためには、無線設備を定期的に点検し、障害を未然に防止することが必要である。これを定期保守という。

もし障害が発生したら、これを正常な運用ができるよう速やかに修理しなければならない。

7.1　系統別点検及び方法

(1)　機器の設置環境

①　周辺温度・湿度

②　清掃状況

③　機械室の整理・整頓

④　保守用工具・予備部品・消耗品

(2)　空中線（アンテナ）系統

①　アンテナ及び給電線が正常であるか。また、これらを接続するコネクタが正常か。(目視による。)

②　給電線とアンテナとの整合が適正であるか。(アンテナ電流計又はSWR計等による。)

(3)　電源系統

①　整流器、無停電電源装置等の入出力電流及び電圧

②　蓄電池の接続箇所及び端子電圧、電解液の状態

③　配電盤のジャック及び端子板

④　予備電源の動作

(4)　送受信機系統

①　各種表示ランプ、警報ランプの確認

メ モ ――――――――――――――――――――――――――――

② 装置に付属しているチェックメータによる確認（各部の電流、電圧）

③ マイク及び外付スピーカの接続の確認

④ 冷却用ファンの確認（特にフィルタの目づまり）

⑤ 周波数計及び電力計による周波数及び空中線電力の確認

7.2 測定器

7.2.1 指示計器

電池や整流器の電圧、電流、トランジスタの電圧、電流、アンテナの電流などを測定し、それらが正常な動作状態にあるかどうかを調べるには指示計器（メータ）が必要である。

7.2.2 指示計器の種類及び図記号

主な指示計器の種類及び図記号は、次のとおりであり、測定する電流と電圧並びに直流と交流の区別のほか、測定する量に見合った規格の計器を使用しなければならない。

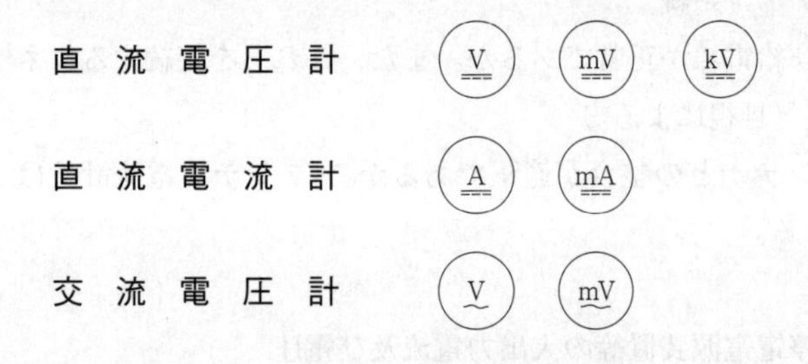

7.2.3　指示計器の使用方法

⑴　直流電圧計

直流電圧計は、電池の端子電圧やトランジスタの各電極などの直流電圧を測定する場合に用いる。

この場合、第7.1図(a)に示すように、測定する回路に電圧計を並列に接続して測定するが、直流電圧計には極性（+、−）があるので、使用の際には端子を間違えないように注意しなければならない。

⑵　直流電流計

直流電流計は、電池の充放電の電流、トランジスタのコレクタ、エミッタ電流などの直流電流を測定する場合に用いる。この場合、第7.1図(b)に示すように、測定する回路に電流計を直列に接続して測定するが、直流電流計には極性があるので、使用の際には端子を間違えないように注意しなければならない。

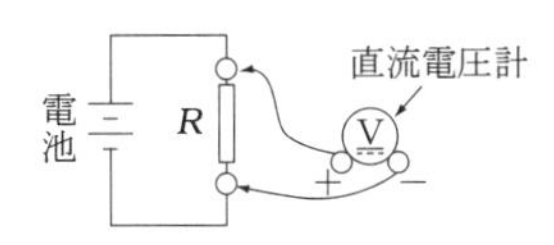

(a) 直流電圧の測定

R：負荷

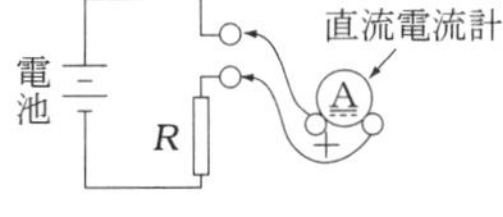

(b) 直流電流の測定

第7.1図　直流電圧、直流電流の測定

⑶　交流電圧計

交流電源などの交流電圧を測定する場合は、第7.2図に示すように、交流電圧計を測定する回路に並列に接続して測定する。

なお、交流用の計器は極性がなく、指示値は普通実効値である。

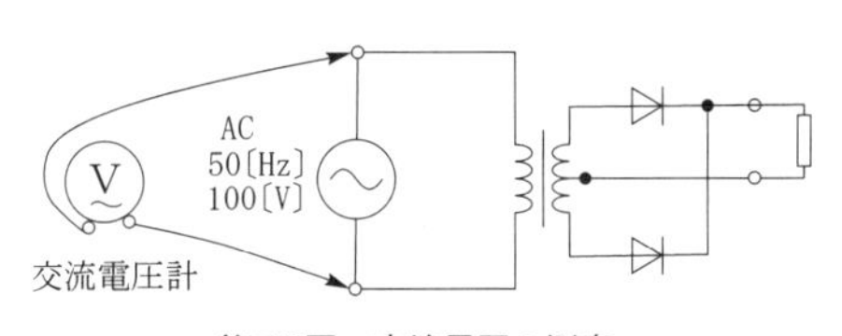

第7.2図　交流電圧の測定

7.2.4　テスタ

テスタは、回路試験器ともいい、第7.3図(a)及び(b)に示すように、直流電流、直流電圧、交流電圧、抵抗等を、切換つまみで切り換えて測定できるようにした計器である。

このテスタを使用して、直流電流、直流電圧又は交流電圧を測定するには、切換つまみを測定する種類（直流電流、直流電圧又は交流電圧）に応じて測定する値又はそれよりやや大きい値のところ（例えば、直流 24〔V〕を測定する場合は DC 25〔V〕の位置、交流 100〔V〕を測定する場合は AC 100〔V〕の位置）に回し、試験棒（テスト棒ともいう。）を測定箇所にあて、指針が指示する値を読む。その際、電圧を測定する場合は測定する回路に並列に、電流を測定する場合は測定する回路に直列に接続することは前述のとおりである。また、直流の場合、＋、－を間違えないようにしなければならない。

抵抗を測定する場合には、測定しようとする抵抗値に応じた倍率の OHMS の位置（例えば、100〔kΩ〕の抵抗を測定する場合は倍率を×1000

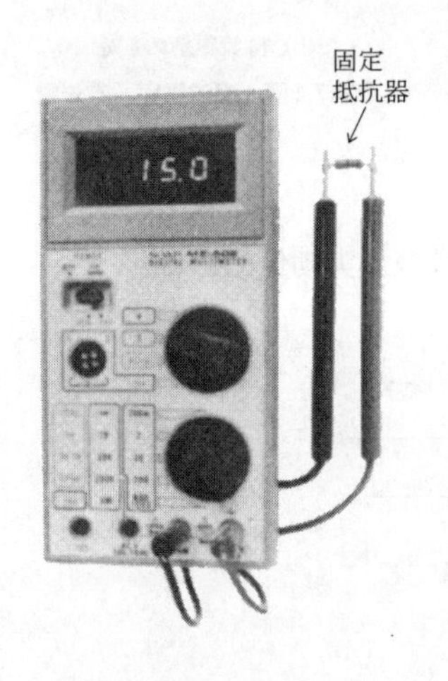

(a) デジタル式の例

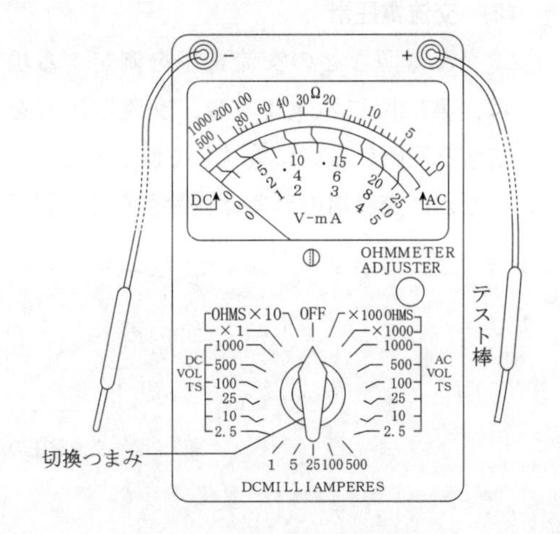

(b) アナログ式の例

第7.3図　テスタの外観

の位置）に切換つまみを合わせ、試験棒を短絡し、ゼロ点調整（OHMMETER ADJUSTER）つまみを回して指針が零を指すようにした後、試験棒を被測定抵抗の両端に当て、指針が指示する値を読む。この値に倍率を乗じたものが求める抵抗値である。この際、測定する回路の電源は必ず切ってから測定すること。（回路に実装された抵抗器の抵抗を測定しようとすると、測定結果は他の部品の影響を受ける。）

7.2.5　計数形周波数計

電波の周波数を正しく保持するためには、その周波数を正確に測定する必要があり、確度の高い周波数計が要求される。

広く使用されている計数形周波数計（周波数カウンタとも呼ばれる。）は、一定時間内に被測定周波数のサイクルの繰り返しが何回あるかを数えるもので、周波数が直読できる。

第7.4図は、周波数カウンタの一例である。

第7.4図　周波数カウンタ

平成24年１月20日　　初版第１刷発行
令和５年５月16日　　３版第１刷発行

レーダー級海上特殊無線技士

無　線　工　学

（電略　コレ）

発行　一般財団法人 情報通信振興会
〒170-8480　東京都豊島区駒込 2－3－10
販売　電話　03(3940)３９５１
編集　電話　03(3940)８９００
URL　https://www.dsk.or.jp/
振替口座　00100－9－19918
印刷　船舶印刷株式会社

ISBN978-4-8076-0976-5 C3055 ¥1600E